岩　波　現　代　文　庫

時を刻む湖

7万枚の地層に挑んだ科学者たち

中川　毅
Takeshi Nakagawa

社会 351

岩波書店

プロローグ――「福井の湖、考古学の標準時に」

日本時間の2012年10月18日午後2時、東京の文部科学省研究振興局会議室で、異例の記者会見が開催された。主催はアメリカ科学振興協会(AAAS)、有名な科学雑誌「サイエンス」の発行元である。ワシントンから代表者がやってきて、みずから会見の指揮を取った。会場には、日本の報道関係者およそ40人が集まった。会見に使われた言語は日本語だった。

また、この会見がはじまる14時間前、日本時間の18日深夜0時、ワシントンを中心に東京(日本)、オックスフォード(イギリス)、ミネアポリス(アメリカ)、ポツダム(ドイツ)の4カ所が回線でつながれ、電話による記者会見が開催された。主催はやはりAAASである。回線は全世界のジャーナリストに開放され、質疑応答はおよそ1時間におよんだ。この会見に使用された言語は英語であった。

メディアの反応は大きかった。会見の内容はその後24時間以内に、確認できただけでも世界の16の言語で、200以上の記事として配信された。おそらくは、世界の主要言語のほとんどでニュースになったと推察される。なお確認できた記事の数は、日本語よりも英語の方がはるかに多かった。

会見の内容は、その翌日発行の「サイエンス」誌に掲載される論文についてであった。その論文では、日本のある湖の研究成果が紹介されていた。ゲノムでもなければ、惑星探査や素粒子でもない。どちらかといえば地味な、たった一つの湖である。にもかかわらず、本来は「サイエンス」誌のライバルであるはずの「ネイチャー」誌まで、この論文についての紹介記事をいち早く掲載した。

水月湖《すいげつこ》という、日本ですら有名とはいえないその湖は、一夜にして世界の「レイク・スイゲツ」になった。「ブレーク」などという言葉を身の回りで実感する機会は多くないが、このとき経験した出来事はまさにそれだったと思う。

「サイエンス」誌に論文が掲載されたとき、著者が独自に記者会見を開くことはめずらしくない。だがこのときの会見は、発行元であるAAAS自身によって開催された。来日した代表者によれば、AAASが会見を主催することは多くても年に10回程度しかなく、日本での開催は史上初だったそうだ。小惑星探査機「はやぶさ」が、小惑星「イトカワ」から持ち帰った試料の分析結果が特集号あつかいで発表されたときですら、「サイエンス」誌は日本での記者会見を開いてはいない。
水月湖とは、いったいどういう湖なのだろう。翌日の朝日新聞の見出しはこうである。

「福井の湖　考古学の標準時に　過去5万年　誤差は170年」

また、時事通信はこう報じている。

「世界一精密な年代目盛り＝福井・水月湖、堆積物5万年分――日欧チーム」

湖が「標準時」であるとは、またその目盛が「世界一精密」であり、しかも「5万年」もの時間にかかわっているとは、いったいどういうことなのだろう。
標準時を決めるのは、歴史的には天文台の仕事だった。現在ではセシウムを使った原子時計が用いられている。また世界一精密な目盛といえば、まるでスイスの時計師が使うマイクロメーターのようなものを連想する。いずれも、現代最高水準の精密機械工業の範疇に入る。一方、5万年分の堆積物といえば、これは明らかに地質学の用

三方五湖全景．カバー写真参照．遠景には日本海が広がる
（提供：若狭町）

語である。地質学者が手にしているのは、通常は堅牢なハンマーであって、時計師用のマイクロメーターではない。時計の精密さと岩石の無骨さはあまりにもかけ離れていて、容易には共存し得ないように見える。だが水月湖では、この両極端にも思える世界が確かに融合しているのだ。

本書で紹介するのは、ハンマーをマイクロメーターに持ち替えることで、泥から世界の標準時計をつくることを目指した地質学者たちの物語である。プロジェクトを成功に導いたのは、20年も前にひとりの日本人研究者が描いた

「夢」と、その実現のために国境を越えて連携した研究者たちのチームワークだった。道のりは平坦ではなく、何年もの努力がほとんど水泡に帰したり、プロジェクトそのものが中断を強いられたりしたこともあった。だが努力は最終的に実を結び、水月湖は過去5万年もの時間を測るための標準時計として、世界に認知されるに至った。

水月湖の研究の歴史は、そのまま私自身の研究者人生と重なっている。とくに最後の8年間は、プロジェクト全体の代表者として研究グループを主導した。ようやくまとまった成果を報告することができて、いま大きな安堵を感じている。そうして研究が一つの区切りを迎え、次にするべきことを考えていたタイミングで、岩波書店の猿山直美さんから、水月湖の話を本にしないかというお誘いをいただいた。

「若者の理科離れ」などと言われることもあるが、真に挑戦的な科学には必ず当事者の血を沸き立たせる要素があり、その魅力には普遍性があると信じている。私たちが実際に味わった興奮の一部を、本書を通して少しでもお伝えすることができれば、水月湖に深く関わった者として嬉しく思う。

目次

プロローグ――「福井の湖、考古学の標準時に」

1　奇跡の湖の発見 ………………………………………………… 1
最初は偶然だった／年縞研究の幕開け／掘れるだけ掘ってみよう／縞模様はなぜできる？／年縞が失われないために／埋まらない湖／これをどう使う？

2　とても長い時間を測る ………………………………………… 23
長い時間の測り方／戦争の陰で／成り立たない前提／誤差をどう解消するか／樹木年輪の「壁」／ピンチヒッター／北川浩之の挑戦／長い戦い／もう一つの長い戦い／時間の統一／標準時をめぐるデッドヒート／水月湖の挫折

3 より精密な「標準時計」を求めて …… 65
93年コアの限界／イギリスの決断／1ミリも取りこぼさない／年縞独特の難しさ／7万枚の縞を数える／新しい技術／英独間のホットライン／見えない年縞／1200枚の葉っぱを拾う／北川データの復活／越えられなかった壁／最後の工夫／完成した年代目盛
コラム 追憶の水月ヒルトン …… 110
4 世界中の時計を合わせる …… 117
ポーラ・ライマーの挑戦／より厳密な定義／地質年代学の歩み／成果を論文にまとめる／水月湖のほとりで／ついに「標準時計」に！／歴史の教科書を書き換える？
エピローグ――「数えるなんて簡単なこと」 …… 139
その後の10年――現代文庫版のための少し長いあとがき …… 143
解　説 …… 大河内直彦 …… 165

1　奇跡の湖の発見

最初は偶然だった

物語はまず、水月湖に隣接する三方湖《みかたこ》から始まる。水月湖と三方湖はいずれも日本海の若狭湾岸に位置し、互いに細い水路でつながっている(図1-1)。三方湖のほとりには鳥浜貝塚という、縄文時代の大規模な遺跡がある。鳥浜貝塚の発掘は1962年から1985年まで、20年以上にもわたって続けられ、大型の丸木舟や漆製品、住居跡、動物の骨など、大量の考古遺物が見つかった。それらの一部は、地元の若狭町が運営する「若狭三方縄文博物館」に展示されている。

鳥浜貝塚の遺物はきわめて多様性に富むうえに保存状態もよかったことから、「縄文のタイムカプセル」とよばれ、考古学の一世を風靡した。その後、三内丸山など大型遺跡の発見が続いたことで、鳥浜貝塚の知名度は相対的に低下してしまった。しかし現在、私たちが手にしている縄文時代についての「常識」の多くが、じつは鳥浜貝

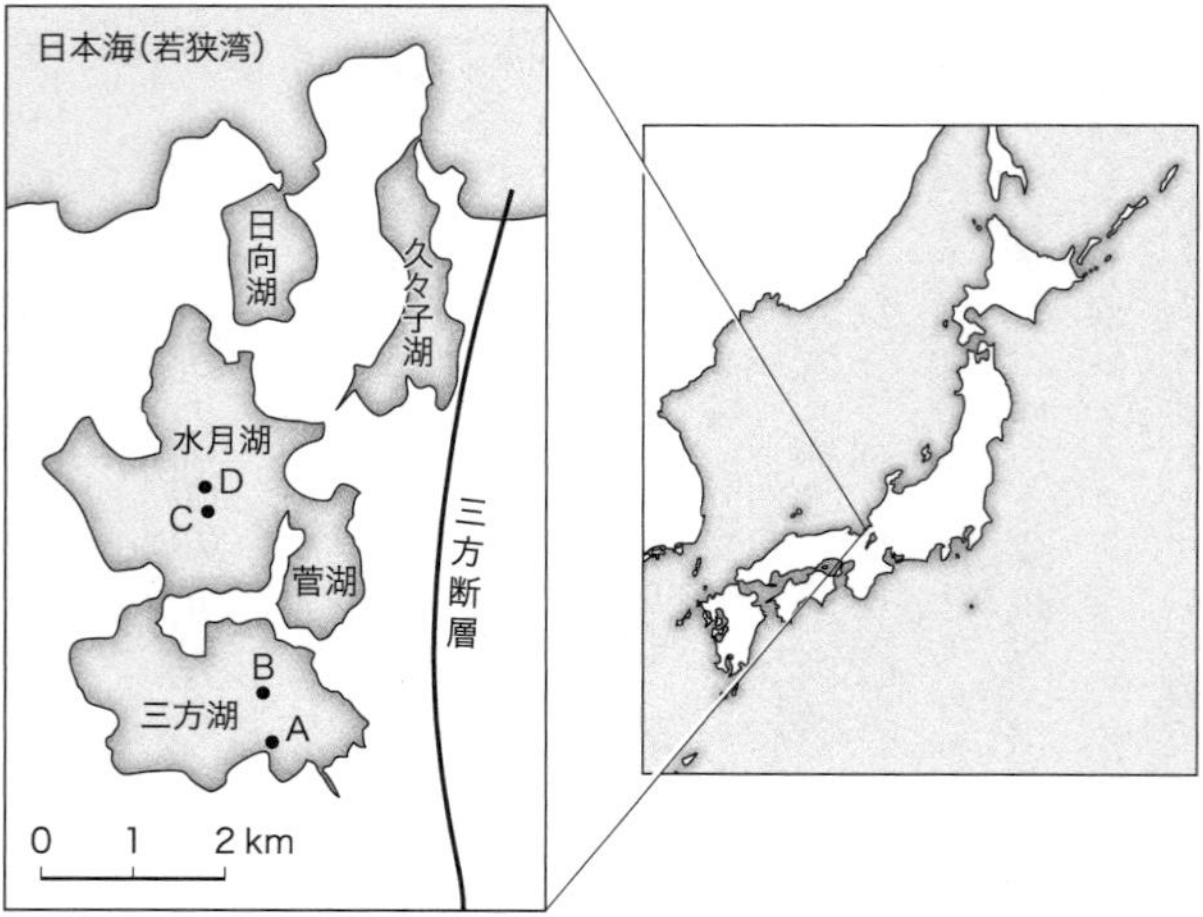

図 1-1 三方五湖．A：三方湖 1980 年ボーリング地点，B：三方湖 1991 年ボーリング地点，C：水月湖 1993 年ボーリング地点，D：水月湖 2006 年ボーリング地点

塚の研究にもとづいていることは、もっと広く認知されていい。

鳥浜貝塚の発掘でもう一つ画期的だったのが、環境考古学的なアプローチである。日本における環境考古学の提唱者として知られ、のちに私の恩師になる安田喜憲《よしのり》先生(国際日本文化研究センター名誉教授)は、まだ広島大学の気鋭の助手(いまでいう助教)だった時代に文部省(当時)から資金を得て三方湖の湖底を掘削し、得られた堆積物試料に含まれる植物の化石を調べることで、過去の気候変動を復元した。湖の掘削には、湖底に直径10

センチメートル弱の金属製のパイプを差し込む、ボーリングとよばれる手法を用いる。パイプの中に回収される円柱状の試料はボーリングコア（あるいは単にコア）とよばれ、技術しだいで本来の構造をほぼ完全に保持した美しいサンプルを採取することができる。このとき安田先生が採取したボーリングコアは全長32メートルにおよび、時代でいうと過去およそ5万年をカバーしていた。

5万年前といえば、鳥浜貝塚が成立した縄文時代草創期よりもはるかに昔である。1982年に論文として出版された安田先生の研究は、鳥浜貝塚の考証のためという当初の目的を大きく上回り、やがて日本海側における環境復元の、一つのスタンダードとしての地位を占めるに至った。

だが考古学を離れて、純粋に古気候の記録として安田先生の研究を見たとき、それが1980年代の仕事として画期的であったことに疑念はないものの、改良の余地は大きく残されていた。とくに鳥浜貝塚を強く意識して立案された計画だったため、掘削地点が岸に近かった。このためボーリングコアは連続的な粘土ではなく、洪水などによって瞬時に堆積したと思われる砂や小石などの層を多く含んでしまっていた。このことは、コアに含まれる地層の年代の解釈を難しくさせていた。また、このときのボーリングコアは、地下深くにある基盤の硬い岩石には届いていなかった。十分な資金と技術で掘削をすれば、もっと深い地層、すなわちもっと古い時代の試料が手に入る可能性が高かった。

この論文から6年後の1988年、安田先生は京都の国際日本文化研究センター(日文研)の助教授(いまでいう准教授)に抜擢され、そこで文部省の重点領域研究「文明と環境」の実質的なリーダーとなった。このとき安田先生が、すでに評価の確立していた1982年の論文をもってよしとせず、プロジェクトの予算で三方湖の再掘削をおこなったことは、完成度の高い仕事を指向しつづける研究者の態度として賞賛されるべきである。再掘削は1991年に三方湖の中心部で実施され(図1-1)、基盤の岩石に達する長さ100メートルのコアの採取に成功した。コアの基底部は現在から二つ前の氷期にまで届いていた。年代でいうとおよそ15万年前である。当時としては、文句なしに世界有数の堆積物試料だった。

100メートルもの掘削試料を、湖底から一気に引き上げることは技術的に不可能である。通常のボーリング作業では、およそ1メートルずつ試料を回収しながら、しだいに深く掘り進んでゆく。1991年の三方湖の再掘削でも同様の方法が採用されたが、そのとき32番目に回収されたコア、のちにMK32とよばれることになる試料は、それまでのコアとは違う特徴をもっていた。コアの断面に、バーコードのような細かい縞模様がびっしりと並んでいたのである。

縞模様の正体は、1枚が1ミリメートルにも満たない薄い地層だった。さらに顕微鏡などを用いた分析によって、この薄い地層は1年に1枚ずつ、きわめて規則正しく堆積したものであることが明らかになった。そのような地層は英語ではvarve《バーブ》とよばれ、高緯度地帯では存在が知られていたが、温暖なアジアでの報告例はまだなく、日本語の呼称も定まっていなかった。現在では「年縞《ねんこう》」という訳語が広く用いられているが、これはこのとき安田先生によって創案されたものである。なお、英語のvarveという単語は、スウェーデン語で「周期」、あるいは「繰り返し」「輪廻」などを示唆するvarvという言葉から派生している。スウェーデン語の単語が定着したのは、年縞堆積物は氷河地帯の湖で形成される場合が多く、北欧でとくに研究が進んでいたからである。

三方湖で年縞が発見されたそのとき、私は大学の4年生で、卒業研究のために安田研究室に弟子入りした直後だった。研究者としての経験はゼロに等しく、私の役割は単なる見習いの使い走りにすぎなかった。だがいまになって振り返ってみると、研究者への第一歩を踏み出そうとしていたちょうどそのときに、年縞発見の現場に立ち会うことができていたわけで、これはとても大きな幸運だったと思う。

年縞研究の幕開け

思いがけない発見は現場を活気づかせる。当時の三方湖は、のちに日本の湖沼掘削科学を牽引することになる若手たちがやって来ては、技術を試したりアイディアを持ち寄ったりする場になった。その中のひとりに、高知大学の岡村眞先生(現高知大学名誉教授)がいた。岡村先生は、人力よりは大がかりであるが、本格的な大深度ボーリングよりは簡便な、4トントラックで運べる程度の機材を使った掘削に、独自の技術と強みをもっていた。1991年の夏、岡村先生らのチームによって、三方湖に隣接する水月湖で最初の学術ボーリングが実施された。台船の上にクレーンを据え、50キログラムの重りを水中から湖底まで一気に落下させるダイナミックな方法で、1日のうちに15メートルほどの連続試料を2本採取することに成功した(図1-2)。

三方湖は、三方五湖とよばれる湖沼群の一つであり、五湖の中では三方湖だけが、流れ込む大きな川をもっている。縄文時代の遺跡はこの川のほとりに位置している。だが遺跡のことを忘れて、過去の環境変遷の良質な記録を得ることだけを目指すのであれば、鉄砲水や土石流をもたらす川は邪魔になる。ほしいのは、長い時間を連続的にカバーする細粒の泥や有機物だ。

そこで隣の水月湖を見ると、直接流入する河川がなく、水深も30メートル以上と深い。したがって水月湖の堆積物は、三方湖よりもさらに連続的に静かにたまっていることが期待できた。まず三方湖で年縞を発見した安田先生はこの点に注目し、岡村先生に水月湖の試掘を依頼したのである。

結果は期待以上だった。湖底から引き上げられたパイプには、暗色の柔らかい泥だけがつまっており、洪水などの影響は見られなかった。そればかりか、ＭＫ32で見られたのと同様の細かい縞模様が、コアの全体にわたって発達していた。その縞模様は、深く掘り進むほど明瞭になっていくように思われた。もしもっと深く掘ることができたら、いったいどれほどの長さの年縞が姿を現すのだろうと、このとき現場に居合わせた誰もが思った。日本における本

図 1-2　チーム岡村のボーリング

格的な年縞研究は、こうして考古学からの派生として幕を開けた。

掘れるだけ掘ってみよう

1991年の水月湖の試掘はあくまで試掘であり、湖底から15メートルより下のことは、この時点ではまだ誰も把握していない。三方湖のボーリングでは、全長100メートルもの堆積物試料が採取されていた。もし水月湖の年縞がどこまでも連続したものであり、三方湖と同じように深くまで採取できるなら、掘削によって100メートル級の年縞が手に入る可能性もある。だが、本当にそんなことを期待してもいいのだろうか。

その答えを知るには、つまるところ水月湖で本格的な掘削をおこなう以外に方法がない。だが、掘削には数千万円の費用がかかる。プロジェクトの総予算の何割にもなる臨時の支出は、そう簡単に決断できるものではない。比較的安価なリスク評価の方法として、高出力の超音波を使った地底探査なども試みられたが、地下の比較的浅いところに音波を反射してしまう火山灰の層があり、水月湖の年縞の全貌を把握するには至らなかった。

こういうときのリーダーの心理とは苦しいものである。私もずいぶん後になって、そのことを身をもって理解するようになった。本格的な掘削をおこなうとなれば、費用の問題に加えて、何人もの研究者を何週間もの作業に拘束しなくてはならない。水月湖の年縞は15メートルまでは確認されたが、16メートルで終わってしまうかもしれない。岩盤が浅いところにあれば、年縞どころか堆積物そのものがわずかしか手に入らない場合もあり得る。要するに、かなり大きなギャンブルである。水月湖の年縞はいわば偶然に発見されたもので、プロジェクトの当初の予定に組み込まれてはいなかった。そのため、掘削のための時間や予算も用意されてはいなかった。

水月湖の掘削は、そのような理由でいったん停滞期に入った。「文明と環境」プロジェクトは、三方湖と水月湖以外にも多くの地点で調査をおこなっており、メンバーは世界中を飛び回りながら絶えず忙しくしていた。そういうときの時間は早く流れる。たちまち2年が過ぎ、プロジェクトは最終年度にさしかかった。水月湖の本格的な掘削をおこなうのであれば、そのために使える時間はもう残りわずかになっていた。三方湖の100メートルコアもまだ分析の途上だったし、年縞堆積物の分析手法もまだ確立してはいなかった。何より、決定的に人と予算が不足していた。大きすぎるリスクを避けて水月湖を掘削しない理由は、見つけようと思えばいくらでも見つかったはずである。

だが安田先生は、水月湖を基盤まで掘削する決断をされた(図1-1)。しかも、ボーリングを請け負った川崎地質株式会社から、1000万円近い借金をしての掘削である。1993年に採取され、のちにSG93とよばれることになるこのときのコアが、その後の年縞研究にどれだけ寄与したかを考えれば、この決断には語り継がれるだけの価値がある。安田先生は2014年の著書『一万年前』(イースト・プレス)の中でこのときの掘削に触れて、「私は年縞研究の扉を開いただけである」と書いておられるが、これは謙虚にすぎる。1993年の掘削を「穴を掘っただけだ」というなら、コロンブスもまた西に航海しただけである。だが、それを決断できる人が普通はいないのだ。安田先生が開けた扉は重かった。

結果として、その勇気は報われることになった。第一に、水月湖の堆積物は期待通り厚かった。硬い岩石の基盤に当たるまでに、75メートルもの堆積物を採取することができた。さらに、コアを実験室に持ち帰って金属パイプから抜き出してみると、その断面には美しい年縞が40メートル以上も連続していた。まちがいなく第一級の試料であり、日本の年縞研究はこのとき本格的に幕を開けた。安田先生が46歳、私が25歳のときのことである。これから何が起ころうとしているのか、私が正確に理解していたとはとても言えない。ただ自分の周りに、何かワクワクした特別な空気が流れはじめたことだけを感じていた。まだ駆け出してもいない研究者の卵にとって、それは魅力的な空気だった。

縞模様はなぜできる？

ここでいったん思い出話をやめて、水月湖の年縞そのものについて説明しておこう。水月湖の年縞は、氷期の寒い時代には1枚が約0・6ミリメートル、その後の暖かい時代には1・2ミリメートルほどになる。これが厚さにして45メートルもたまっている（図1-3）。単純に計算すると、水月湖の年縞は過去およそ7万年を連続的にカバーしていることになる。年縞がこれほどの長期にわたって堆積している場所は、世界でも水月湖の他に例がない。

水月湖の年縞は、どのような条件が重なって形成されたのだろう。

まず、当然のことだが季節が必要である。1年を通じて環境が変わらず、同

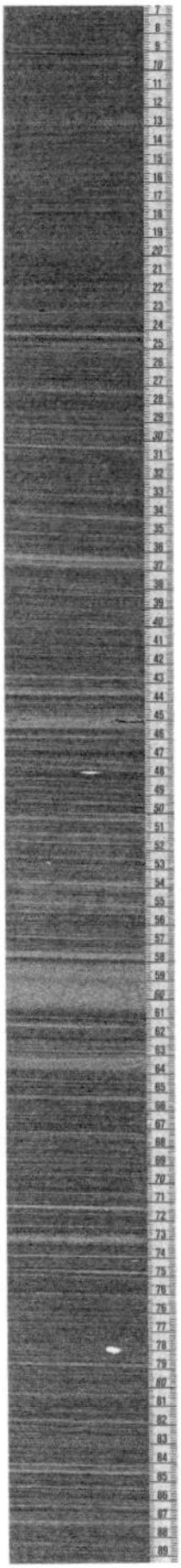

図1-3　水月湖の年縞（2014年コア）

じ物質が堆積するような場所では、年縞はできるはずがない。たとえば1年中雨の多い熱帯雨林で年縞堆積物が発見されることは、将来にわたってもまずあり得ないだろう。ラワンなど熱帯産の木材に美しい年輪がないのも同じ理由による。厳しい冬や乾期に、木の生長が鈍ることによって年輪はできる。日本の木工芸品は美しい。指物の家具にしても、曲げ物のいわゆる「わっぱ」にしても、年輪を生かすことで独特の美しさを出している。もし日本に季節がなかったなら、そのような美意識が発達することはなかっただろう。同じことが、年縞の形成にも欠かせない条件なのである。水月湖の年縞は、日本の風土と密接に結びついている。

では季節を順に追って、水月湖の底にたまる物質を見てみよう(図1-4)。

春先の雪解け水は山からミネラル分を運んでくる。春に水温が上がると、そのミネラル分を使って、殻をつくるプランクトンの一種である珪藻《ケイソウ》が大繁殖する。だが珪藻のライフサイクルは短い。水中のミネラルを使い尽くすと、珪藻はそれ以上繁殖することができず、死滅して湖底にたまる。これが水月湖年縞の「春」の層である。

次に梅雨がおとずれる。地表に降った雨は、土を削って湖に流れ込む。水月湖の底には、そのようにして運ばれた陸上の土が堆積する。もっとも、日本の地表は植物におおわれ、少々の雨では土壌浸食がおきないため、土の層は毎年形成されるとはかぎ

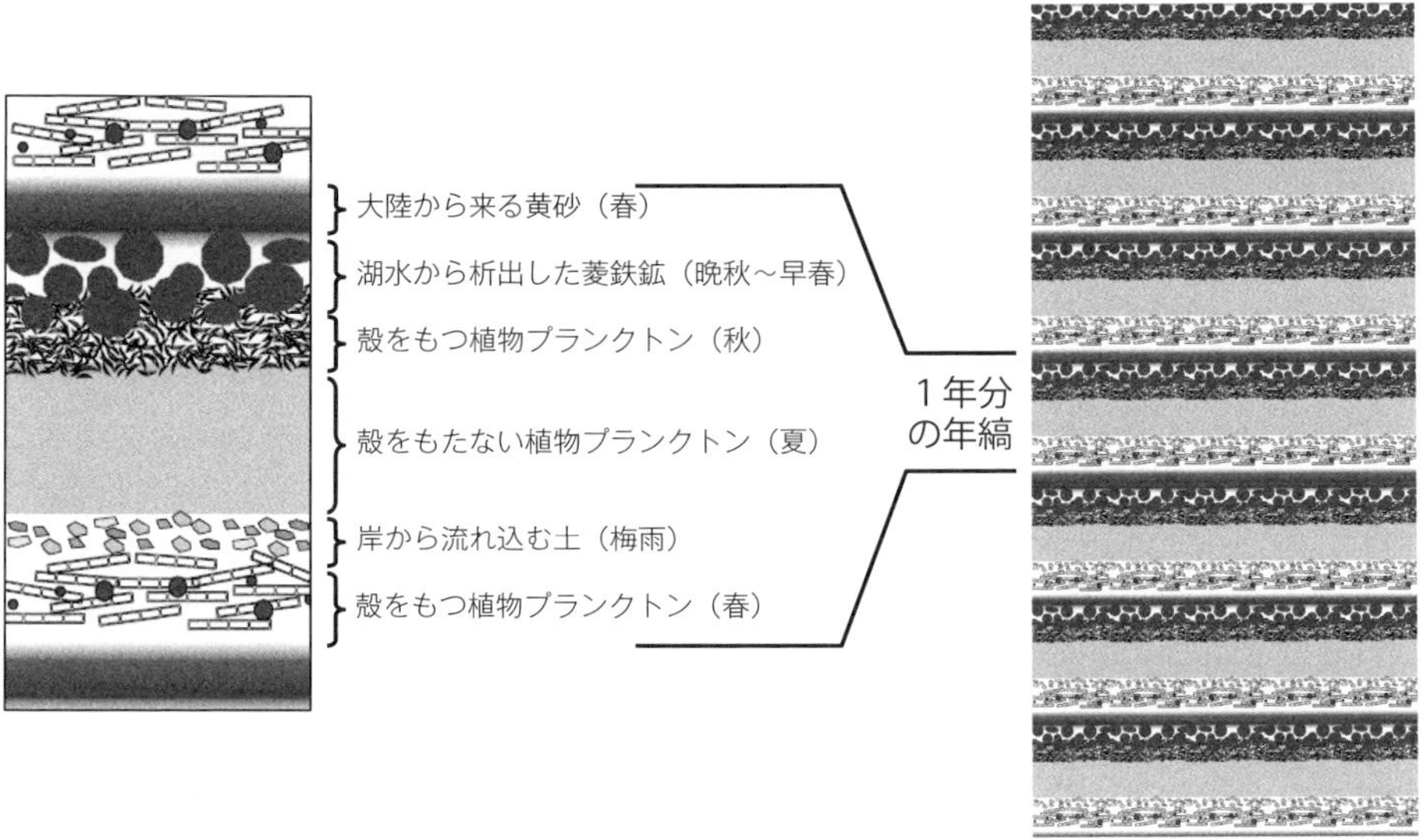

図 1-4　水月湖の年縞の模式図．実際には，これらの季節層すべてが存在していることは稀であり，いくつかだけが組み合わさって1年分を形成している場合が多い．

らない。おそらくは崖崩れなどの条件と雨が重なったときにだけ、このような土の層ができるのだろう。

夏の暑い季節には水温も上昇し、生物生産がさかんになる。殻をつくるのに必要なミネラル分を春に使い尽くしてしまっているため、この時期に繁殖するのは殻をつくらないタイプの植物プランクトンである。そのプランクトンが死んで湖底に沈むことで、比較的厚い有機物の層が形成される。この層は岩石用の顕微鏡の下で特徴的な暗色を呈するため、後述する年縞の計数のためには有力な手がかりとなる(図1-4)。

秋になると、春とはちがう種類の珪藻が繁殖する。おそらく夏の間に湖水中のミネラルが回復するのだろう。そのミネラルを使うことで、ふたたび殻の形成が可能になる。春と種類がちがうのは、水温や水質などの微妙な要因による。春の珪藻は円筒形だが、秋の珪藻の形は三日月に似ている。堆積物中に含まれる珪藻の種類を調べれば、当時の環境を復元できる可能性も高い。水月湖の堆積物を用いたそのような研究が、現に国立科学博物館とドイツのベルリン自由大学によって進められつつある。

晩秋から初冬にかけては、菱鉄鉱《りょうてっこう》とよばれる鉄の炭酸塩が堆積する(図1-4)。この季節は、水月湖の周辺も夜間の冷え込みが厳しくなる。湖面近くの水も寒気に触れることで冷却されるが、冷やされた水は周囲の水よりも重くなり、結果として湖底に沈んでいく。このとき、湖面近くの酸素が湖底に運ばれる。水月湖の湖底はきわめて酸素に乏しい環境であるのだが、この沈み込みによって酸素が供給されると、微生物がそれを消費して、かわりに二酸化炭素が吐き出される。この二酸化炭素が、湖水中に溶けている鉄分と反応することで、鉄の炭酸塩が析出して湖底にたまるのである。

冬から次の春にかけては、中国から黄砂が飛来する(図1-4)。ちなみに、黄砂が日本に飛んでくるルートは時代によって違うことがわかっている。偏西風が北上する時代にはゴビ砂漠、南下する時代にはタクラマカン砂漠が、日本にやってくる黄砂の主要な供給源となる。水月湖の年縞に含まれる黄砂をもとに偏西風の動きを復元する研究が、東京大学と海洋研究開発機構(JAMSTEC)を中心とするグループによって進められている。

このように、水月湖の湖底には季節ごとにちがう物質が堆積している(図1-4)。これで、とりあえず年縞ができる素地は整ったことになる。だが日本のように季節が明瞭な地域では、季節ごとにちがう物質が供給されること自体は、とくにめずらしいことではない。むしろ問題になるのは、薄い地層が乱されずに保存されるかどうかである。この点でも、水月湖は非常に有利な条件を満たしていた。次にこの保存という点について、くわしく見てみることにしよう。

年縞が失われないために

水月湖以外の多くの湖では、なぜ年縞が保存されずに消えてしまうのだろう。犯人は湖底で暮らす生き物たちである。なにしろ水月湖の年縞は、1枚が1ミリメートルほどしかない。近くを魚が泳いだだけでも、何年分もの土が舞い上がり、混ざり合ってしまう。土にもぐったり巣穴をつくったりするミミズやゴカイの類でもいれば、状況はさらに絶望的である。彼らは情け容赦なく土をかき混ぜ、年縞を破壊する。年縞が保存されるためには、湖底に生き物がいては困るのである。ではどうすれば、湖底は生命のいない死の世界になるのだろう。

いちばん簡単なのは、湖底を酸欠にすることである。そうすれば魚も虫も窒息して、完全に死に絶えてしまう。湖水中の酸素は大気から直接溶け込むか、あるいは湖面近くで植物プランクトンが光合成をおこなうことで供給される。普通の湖では、この湖面近くの酸素に富んだ水が湖底の水と混ざり合ったり、湖底の水を押しのけて沈み込んだりすることによって、湖水全体に酸素が行き渡る。もっとも典型的なメカニズムは波である。嵐の日に湖に大波が立てば、それだけで湖水は攪拌《かくはん》され、ある程度の深さにまで酸素が届く。また冬の寒さも重要である。寒気の到来によって湖面が冷却されると、冷たくなった水は収縮して重くなる。重くなった水は湖底をめがけて沈んでゆく。

では水月湖はどうだろう。水月湖は周囲を高い山に囲まれているため、日本海の強風が直接吹きつけることはない。また多少の風が吹いたとしても、水深が約34メートルと深いため、通常の波では湖底の水までかき混ぜることができない。つまり、波や風では湖底に酸素を供給することができないのである。

次に冬の寒さであるが、じつは最後の氷期が終わった後の暖かい時代には、冷却と沈み込みによる攪拌が多少は起こっていたようである。現在の水月湖の湖底の温度は、年間を通じてセ氏14度ほどである。ということは、湖面の温度がそれ以下になれば、酸素に富んだ水が湖底に沈んでゆく可能性がある。だが氷期にまでさかのぼると、水月湖周辺の年平均気温はセ氏数度にまで低下する。そのような時代には、現在よりも冷たく重い水の塊ができて、湖底に居座ったような状態になっていた。

中学校の理科を思い出していただきたいのだが、水はセ氏4度のときにいちばん重くなる。それより温かい水も、それより冷たい水も、セ氏4度の水よりは軽い。したがって湖底にセ氏4度の水ができると、その水は永遠に浮かんでくることができず、大気から切り離されて酸欠になる。氷期の水月湖の底は、こうしたメカニズムによって酸素のない死の世界になっていた。そのため年縞も、生物によって乱されることなく、何万年もたまり続けることができたのである。

埋まらない湖

最後にもう一つだけ解決しておかなくてはならない問題がある。年縞の形成には、ある程度の水深が必要であることはすでに述べた。だが水月湖の湖底には、ゆっくりと着実に堆積物がたまり続けている。だとすると、深かった湖もしだいに浅くなり、やがては湖底に酸素が届くようになってしまわないのだろうか。そうなれば年縞の形成は止まるはずだし、もっと長い時間が経てば湖そのものが埋まりきって、ただの湿地や地面になってしまいそうなものである。じっさい縄文時代の鳥浜貝塚は湖のほとりに位置していたと考えられているが、当時の湖は今では完全に埋まってしまっていて、発掘現場に立っても当時の風景を想像することは難しい。数万年の時間を越えて存続する湖は多くない。

じつは、水月湖は埋まらない湖なのである。水月湖にはなぜ、7万年分もの年縞が堆積できたのだろう。三方断層とよばれる活断層が通っている(図1-1)。水月湖を含む三方五湖のすぐ東側には、今からおよそ360年前の1662年にはこの断層が大きく動き、寛文の地震として知られる大地震を引き起こした。

この断層はおそらく今から20万年ほど前に活動をはじめ、それから現在までの間に、断層の西側は100メートル近く沈降したと考えられている。この断層の運動は、水月湖を深くする方向に作用する。そして水月湖が深くなるスピードは、この断層の運動は、水月湖に堆積物がたまるスピードよりわずかに早い。この絶妙なバランスのおかげで、水月湖は決して埋積によって浅くならず、7万年もの長い期間にわたって年縞がたまり続けることができたのである。

年縞堆積物は水月湖だけのものではない。北欧の氷河湖やドイツの火口湖などでは、水月湖よりも明瞭な年縞が見つかっている。だが水月湖以上に長く、静かに、連続して堆積した年縞は世界でも知られていない。水月湖が時に「奇跡の湖」と呼ばれるのはこのためである。

これをどう使う？

水月湖の年縞堆積物は美しい。その美しさを直感的に理解するのに、とくに訓練も知識も必要ではない。だがその年縞を、科学的に用いるにはどうしたらいいだろう。水月湖の年縞が発見された1990年代初頭、私は現場の使い走り学生であり、要するに素人だった。当時の私にも年縞の美しさはわかったし、それによって引き起こされる興奮を味わいもした。それがおそらく学術的にも非常に特殊なもので、大きな可能性を秘めているらしいことも、漠然とではあるが理解できた。だが、次に何をするべきなのか、どこを目標に進んで行けばいいのか、具体的な行程をイメージすることは容易ではなかった。

誰でもわかるのは、年縞は「1年ごとの情報をすべて記録している」ということである。これを、できれば1年ずつすべて分析したいと思うのは人情である。そうでなくては自分が負けたような気がする。じっさい年縞研究の初期には、年縞を1枚1枚すべてカミソリで削り取るようなことまで検討された。1ミリメートルにも満たない年縞を、何千枚も実寸でスケッチすることに着手した研究者もいた。だがそうした極端な試みのうち、実を結んだといえるものは一つもない。

もっとも、それらの試行錯誤を笑うことは私にはできない。胎動期の暗中模索とは、本来そうしたものなのだろう。むしろ、プロフェッショナルが経験する産みの苦しみを間近に見ることができた私は、非常に幸運な学生だったと率直に思う。

年縞のない普通の堆積物試料であれば、「これ以上細かく分析しても意味がない」という限界が存在する。たとえば1枚の均質な地層を100枚に分割してすべて分析することは、通常は労力の無駄である。しかし年縞にはその限界が存在しない。細かく切り分ければ切り分けるほど、際限なく新しい情報が取り出されてくる。まして水月湖には7万年分の年縞が存在している。「その気になればできる」ことは、ほとんど無限とよびたくなるほどに多い。

だが、そこで問題になるのが時間と労力である。仮に1年365日、毎日10枚の縞をコンスタントに分析できたとしても、7万年分の分析が完了するまでには20年近い歳月がかかる計算になる。つまり、どこかにもっと現実的な落としどころを見つけなくてはならない。研究者としての、本当の意味でのセンスと力量が問われる局面である。

言い換えるなら、限界は材料ではなく、むしろそれを分析する人間の方に存在している。自分の限界をどこに設定するか、自分で見きわめて公表する作業は精神を圧迫する。1993年の段階で、このハードルを越えることのできた人はほとんどいなかった。ただし、ひとりだけ例外がいた。日本における年縞の発見者である安田先生の、日文研の研究室に採用されたばかりの気鋭の助手、北川浩之である。

年縞堆積物は、通常は過去の環境変遷を詳細に復元する目的で使われる。じっさい年縞研究の先進地であったドイツや北欧では、そのような研究事例が報告され、地質学の新しい潮流を産み出しつつあった。そんななかで北川は、まったくちがうアプローチ、すなわち水月湖の年縞を使って、地質学的な時間を測るための「ものさし」をつくることを思いついたのである。そして北川のこの決断が、水月湖のその後の20年を決定づけることになった。

多くの先駆者がそうであるように、北川が開いた道も平坦ではなかった。次の章は、水月湖研究の前半のクライマックスと、その後の挫折についての物語である。

2　とても長い時間を測る

長い時間の測り方

人類が1年の長さをほぼ正確に把握し、年月を測る手段として暦を刻むようになったのは、いまからおよそ4000年前のことであるらしい。原始的な暦の多くは月の運行を基準にしていたが、エジプトではナイル川の洪水時期を推定する必要から太陽に注目し、365・25日の周期を発見、史上はじめて太陽暦法を編み出した。

暦と文字が存在する時代の出来事については、私たちは歴史記録から多くのことを詳細に知ることができる。たとえば関ヶ原の合戦は西暦1600年の10月21日であり、この年代や日時が今後の歴史学の発達によって改定される可能性はきわめて低い。

現代の暦、いわゆるグレゴリオ暦は西暦1582年の10月15日から使用がはじまった。もっとも、グレゴリオ暦が全世界で共通に用いられるようになったのは比較的最近のことである。日本の旧暦は明治6(1873)年まで公式に使用されていたし、ヨーロッパでも、たとえばギリシャがユリウス暦からグレゴリオ暦に切り替えるのは1923年のことである。昭和や平成などの年号は、日本では現代においても使われ続けている。もっとも、それぞれの暦の対応関係は精密に定義されているから、暦を共有しない文化圏の間であっても、日時の前後関係が混乱することはない。関ヶ原の合戦の例であれば、それを西暦1600年10月21日と呼んでも、慶長5年9月15日と呼んでも本質的には同じであると、少なくとも専門家は判断することができる。

一方、現代の地質学や考古学は、暦や文字が存在しない時代の出来事についても、それがいつごろであったかの知識をもっている。恐竜が絶滅したのは、現代の学説によればおよそ6600万年前のことだった。現生人類、いわゆるホモ・サピエンスはおよそ20万年前までに登場するが、はじめのうちは目立たない種として、アフリカの片隅で細々と暮らしていたようだ。だがおよそ5万年前になると、人類は急速に世界に拡散をはじめ、行動様式も複雑化の一途をたどる。およそ1万1700年前に最後の氷期が終わると、人類は農業を基盤とする複雑な定住社会を世界各地につくりはじめる。過去についてのこのような知識は、人間のルーツや置かれた立場を理解する上で、現代人にとって必要不可欠なものになっている。

有史以前の出来事の年代を、私たちはどうやって知ることができるのだろう。

近代的な地質学は、18世紀から19世紀にかけてイギリスで生まれた。その当時、キリスト教世界の大半の人びとは、世界の年齢はおよそ6000年であると信じていた。神学者たちによれば、神がこの世界の創造に着手したのは、ユリウス暦の紀元前4004年10月18日(もちろん月曜日である)のことだった。現代の地質学は地球の年齢をおよそ45億〜46億年としているから、その乖離は気が遠くなるほどに大きい。

地質学が登場する前は、旧約聖書の記述が唯一の根拠だった。一方で地質学は、科学であるからにはもっと客観的な証拠を必要とする。初期においては、谷の深さを浸食速度で割り算することで、谷が刻まれるのに必要な時間を求めたりした。だが、そのような方法は不確かな仮定を多く含んでおり、保守的な教会に対して必ずしも決定的な説得力をもたなかった。

戦争の陰で

現代では、聖書の年代論に科学的な意義を認める人はほとんど残っていない。勝負の決着は、放射年代測定法とよばれる手法によってもたらされた。地質学的な試料の年代を決める方法の大半は、大きく二つに分類することができる。一つは「少しずつたまっていくものの蓄積量を測る方法」、もう一つは、「少しずつ減っていくものの残存量を測る方法」である。「半減期」という用語は、日本では東日本大震災をきっかけによく知られるようになったが、自然界にも存在する放射性元素(親元素)は、時間と共に放射線を出しながら別の物質(娘元素)に変わっていく。この速度は時代や環境によらず一定であるため、親元素、あるいは娘元素の現存量や両者の比などを測ることで、その試料の年代を客観的に推定することができる。

地球の年齢の近代的な推定は、ウラン・鉛法とよばれる技術によって20世紀の初頭に実現した。だがウランの同位体のほとんどは半減期が数億年ないし数十億年と長いため、比較的新しい時代の年代推定には使えない。たとえば考古学者が人類のルーツを探ろうとするときには、数千年ないし数万年の時間を測るのに適した時計を見つける必要があった。

そこで脚光を浴びるのが、炭素の放射性同位体である炭素14(^{14}C)である。自然界に存在する炭素の中では、^{14}Cだけが放射能をもっており、5730年という比較的短い半減期で崩壊して失われていく。すなわち、5730年経った時点で^{14}Cの残存量はちょうど半分になっている。その倍の期間、つまり1万1460年が経つと、^{14}Cは当初の4分の1にまで減る。そのため、現在における残存量を精密に測定すれば、半減期をもとにその試料の年代を割り出すことができる(**図2-1**)。

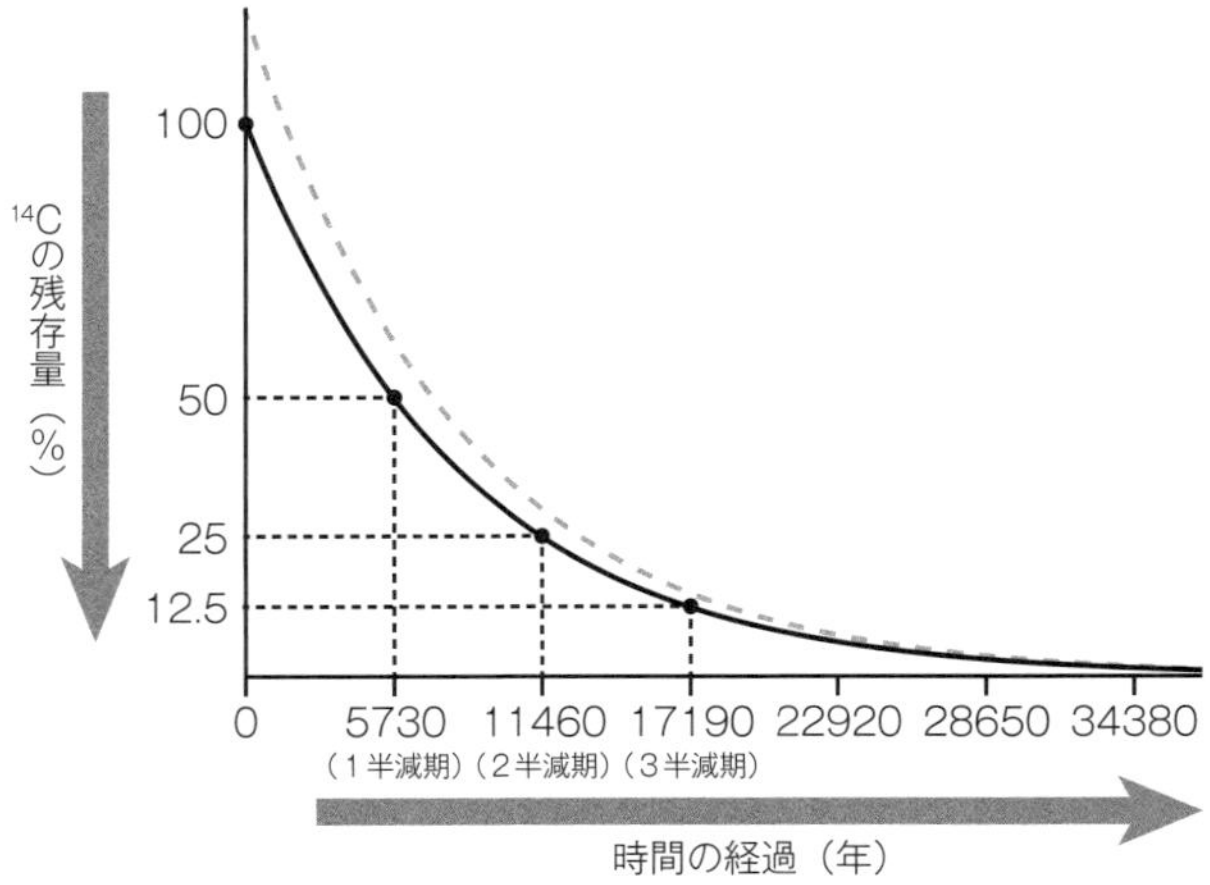

図 2-1　放射性炭素年代測定の概念図．時間の経過とともに，^{14}C の残存量は急速に 0 に近づいていく(実線)．スタート時の量が推定と異なる場合(点線)，半減期のグラフから単純に年代を算出することはできなくなる．

ところで^{14}Cは、自然界にはごく微量しか存在していない。原子の質量は質量数とよばれる数字で表され、原子核をつくる陽子と中性子の数の合計で定義される。炭素の場合、陽子の数は必ず6であるが、中性子の数にいくつかの種類がある。そのため自然界の炭素には、質量数12から14まで、3種類の同位体が存在する。大半の炭素原子は質量数12あるいは13であり、それぞれ炭素12(^{12}C)、炭素13(^{13}C)と呼ばれる。^{12}Cと^{13}Cは安定な同位体であり、放射線を出したり崩壊したりはしない。^{14}Cだけが放射能をもっている。年代推定のためには残存する^{14}Cの量を測る必要があるが、そもそものスタートラインにおいてすら、^{14}Cは炭素全体のおよそ1兆分の1しか含まれていない。そこからさらに「どれだけ減ったか」を測定するのだから、これは並大抵のことではない。5万年前ではおよそ400兆分の1にまで減っている。これを検出する作業は、日本で1年間に消費されるコメの全量から、たった1粒の異常なコメを見つけ出す作業にほぼ相当する。日本のどこかにたった一つだけ、小さく「当たり」と書かれたコメ粒があって、それが普通のコメに混じって流通している様子を想像してみてほしい！

それほど微量の^{14}Cを検出して年代を推定する技術は、1940年代の後半から50年代初頭にかけて、シカゴ大学のウィラード・リビーによって確立された。じつは第二次世界大戦中、リビーはマンハッタン計画に参加し、原子爆弾の心臓部分であるウラン235を濃縮する方法を研究していた。ちなみに、リビーの方法はけっきょく採用されずに戦争は終わった。つまり、リビーはヒロシマ型原爆の生みの親ではない。だがそこで蓄えられた知識や技術は、戦後に新しい年代測定法として花開くことになった。それから多くの研究者による改良を経て、現在ではおよそ5万年前までの年代測定が可能になっている。

リビーは^{14}C年代測定法を確立した業績で、1960年にノーベル化学賞を受賞している。その影響のおよぶ範囲が「あまりにも広い」ことが評価されたのである。リビーが開発した^{14}C年代測定法によって、人類は多くの宗教的迷信から解放された。人間性の歴史を確実に一歩前に進めたこのような研究が、一方では戦争の副産物としての側面をもっていることには、一定の示唆が含まれているように思う。

成り立たない前提

ここで、^{14}C年代測定の原理をもう一度だけ整理してみよう。自然界の^{14}Cは、宇宙からやってくる放射線が大気中の窒素と反応することで生成し、すぐに酸素と化合して二酸化炭素になって大気中にとどまる。地球の大気はよく混合されているため、^{14}Cの濃度は全球的にほぼ等しい値になる。

つぎに、^{14}Cを含む大気中の二酸化炭素が、光合成によって植物の体に取り込まれる。^{14}Cを取り込む割合は、植物の種類によってそれほど変わらない。このため、地球上の植物はほぼ同じ濃度の^{14}Cを含んでいる。ところが、植物が死ぬと光合成も止まる。その後は、植物の体に取り込まれた^{14}Cは崩壊によって徐々に減るばかりになる。最初の量(濃度)と減るスピード(半減期)の両方がわかっているので、いま残っている^{14}Cの量から試料の年代が推定できる。文章にしてしまうと、^{14}C年代測定の本質の部分はきわめてシンプルである。

では、このアプローチで本当に正確な年代が求まるのだろうか。必要なのは四つの仮定である。すなわち、

① ^{14}Cの量が全世界の大気で均一であること
② 植物の種類によって^{14}Cを取り込む割合に差がないこと
③ ^{14}Cの半減期が正確に見積もられていること
④ 大気中の^{14}Cの量(濃度)が時代によらず一定であること

このすべてを満たさないかぎり、放射性炭素年代は正確な年代にはならない。では四つの仮定は、どの程度まで真実と合致しているのだろう。

まず^{14}Cの濃度に地理的な偏りがないかであるが、これについては、大気はじっさいかなりのスピードで均質化されているようである。たとえば大規模な火山噴火があった直後には、火口の周辺で火山ガスの濃度が一時的に高くなる。だが、そのような不均質も数年後にはほぼ解消される。大気が活発に混合している証拠である。ただし、南半球と北半球の間では大気の混合にやや時間がかかり、数十年程度の時間差を生じる場合がある。

次に生物の種類によるちがいであるが、これはリビー自身によって広範な調査がおこなわれた。その結果、世界各地で生える木だけでなく、食物連鎖のより上位にいる南極のアザラシまで、ほとんど同じ量の^{14}Cを含んでいることがわかった。同位体のちがいはあくまで物理量のちがいであって、消化しやすさなどの化学的な性質は変わらないのである。

ただし、この話にも注意すべき点はある。陸上に生える木であれば、大気中の二酸化炭素を使って光合成をおこなうため、体内に取り込む^{14}Cの量はほぼ一定である。陸上の植物を食べる動物の体にも、ほぼ同じ量の^{14}Cが取り込まれる。しかし、海水中の植物プランクトンなどの場合には問題が生じる。海水中の^{14}Cは、大気から溶け込む新しい二酸化炭素由来のものと、深海の水にすでに溶けている古い二酸化炭素由来のものが混ざり合っている。そのため、表層の海水の年代を^{14}Cで測定すると、海域によっては数百年から数千年もの年代をもってしまっている。生きているプランクトンや魚の体をつくる炭素が、すでに古いのである。しかも、深海由来の古い炭素が混ざり込む割合が、時代によらず一定である保証はどこにもない。むしろ気候変動や海面変動を通して、その割合は変動していると考える方が自然である。海洋のリザーバー効果(古い炭素の混入)とよばれるこの問題は、後に水月湖の研究史にも深く関わってくる。

三つ目の仮定、半減期の正確な見積もりについてはどうだろうか。リビーは^{14}C年代測定法を提唱するにあたり、^{14}Cの半減期を自ら測定した。^{14}Cの半減期は、ウランよりはだいぶ短いが、それでも5000年を超える。1年あたりの減少量はわずか0.01パーセントほどでしかない。したがって、^{14}Cが減少していく様子を実験室で観察することは現実的でない。リビーは世界各地から、年代のわかっている考古遺物や大木の年輪などを集め、^{14}Cの濃度を測定した。その結果、^{14}Cの半減期は5570年であるとの結論を得た。またこの半減期(リビーの半減期とよばれる)を使った^{14}C年代の計算もはじまった。

だがこの値も、厳密には正確でなかったことが判明してしまう。リビーの見積もりからおよそ10年後、オックスフォード大学のチームによって、^{14}Cの半減期が正確には5730年であることが突き止められた。時代的な制約のことを考えると、リビーの見積もりは誤差があったということよりも、「驚くほど正確であった」ことの方が本質だといってよい。しかし、半減期は年代を算出する上でもっとも基本的な量である。より正確な値とどう向き合うか、^{14}C年代測定のユーザーたちに決断が求められた。

ある日を境に新しい値を使いはじめるというのも一つの選択である。しかし、^{14}C年代測定法はすでに世界中で活発に使われはじめており、その年代値はリビーの半減期にもとづいて計算されていた。それを途中で切り替えれば、報告された年代値がどの半減期で計算したものであるかの混乱が生じてしまう。議論の末、研究者たちはリビーの半減期を、誤差を含んでいることを承知の上で使い続けると決めた。正確さよりも、混乱を生まない一貫性の方が重要であると判断したのである。この時点で、たとえほかの条件がすべてクリアされていたとしても、^{14}C年代が真の年代を示さないことは決定的になった。

最後に大気中の^{14}Cの濃度、すなわちスタートラインにおける^{14}Cの量はどうだろう。先に述べたように、大気中の^{14}Cは宇宙から来る放射線と大気中の窒素が反応することで生じる。窒素の濃度は基本的に一定なので、放射線の強さも同様に一定であるなら、大気中の^{14}Cの量が時代によって変動することはなかっただろう。しかし実際には、放射線の強さは時々刻々と変化している。地球の近くで超新星爆発があれば一時的に強い値を示す。また地球は、地球磁場と太陽磁場がつくる、いわゆる「磁気シールド」によって宇宙の放射線から守られているが、シールドの強さは時代によって大きく変わる。このため大気圏に到達する放射線の量も一定ではなく、大気中の^{14}C濃度も、時代によっては現代より40パーセントも多かったことが明らかになってしまった。

元々の量を仮定しておいて、そこから「どれだけ減ったか」を見るのが^{14}C年代測定法である。元々の量が大きく変動しているとなると、そのような手法は根幹からゆらいでしまう。当初の期待とは裏腹に、${}^{14}C$年代測定法はそのままでは正確な年代を示さなかったのである。

誤差をどう解消するか

${}^{14}C$年代測定法が抱えるこのような問題は、早くも1960年代にはおおむね明らかになっていた。問題があるなら、解決しなくてはならない。だが、どうすればいいのだろう。

海洋のリザーバー効果の問題は、サンプリングの方法に注意すればある程度まで回避あるいは補正できる。半減期の見積もり誤差の問題も、得られた年代に一定の値をかけ算することで修正可能である。だが大気中の${}^{14}C$濃度については、問題はもっと複雑になる。宇宙線の強度も、磁気シールドの強さも、時代によって不規則に変動する。したがって、単純な式によって過去の${}^{14}C$濃度を推定することは不可能なのである。

単純な式が使えないなら、観測に基づいた巨大な換算表をつくるしか方法がない。このようなアプローチは「キャリブレーション(較正《こうせい》)」とよばれる。

たとえば年代もののワインであれば、それが何年前のものかは、ラベルを読むことで正確にわかる。ワインはブドウ、すなわち陸上の樹木の実からつくられるので、海洋のリザーバー効果を気にせず^{14}C年代測定ができる。こうして、^{14}C年代が何年前であれば実際の暦年では何年前であるかの情報が一つ手に入り、換算表のマスが一つ埋まる。同様の作業を、^{14}C年代測定が適用可能なすべての時代について完成させることができれば、誤差を含んだ^{14}C年代であっても、正確な暦年代に換算できるようになる。研究者たちは1960年代から今にいたるまで、延々とこの努力を続けている。

ワインはあくまで話のたとえであるが、ワインの年代が100年以上さかのぼることは稀である(あっても高価すぎて、実験にはまず使えない)。^{14}C年代測定はおよそ5万年前まで適用できるから、換算表も5万年分のデータを整備する必要がある。研究者たちがまず注目したのは、ワインではなく樹木の年輪だった。

年輪は1年に1枚形成される。そのため、数えるという(少なくとも原理的には)単純な作業によって、それが何年前の年輪であるかを正確に知ることができる。1本の木はせいぜい数百年しか生きない場合が大半であるが、歴史的建造物などには古い木材が使われているし、古い埋もれ木が見つかることもある。年輪の厚さに記録された気候変動のパターンを照らし合わせれば、新しい木材に古い木材を継ぎ足して、次々とカバーする年代を伸ばしていくこともできる。また樹木は大気中の二酸化炭素を固定しているため、ほぼそのまま^{14}C年代を測ることができる。

半世紀におよぶ努力の結果、いちばん長く連続した年輪の記録は1万2550年前にまで達している。しかも年輪年代学者たちは、年輪の数え落としや重複がないかをチェックするために、同じ時代から何十本もの古木を集めてきて、そのすべての年輪を数え上げて比較することを自分たちに課している。この厳しさを貫いているため、年輪に対して与えられた年代の信頼は厚く、通常は誤差がまったくないものとみなされる。つまり、1万年前の年輪といえばそれは本当に1万年前のものであり、9999年前や1万0001年前のものではないのである。1万年以上にもおよぶ誤差のない年代目盛をつくり上げた努力に対しては、敬意を通り越して畏怖の念さえ覚える。このような精度を誇る年代決定法は、年輪のほかには存在しない。

換算表のマス目を埋めるには、年輪を数えるのと並行して、年輪の^{14}C年代を測る作業も必要である。初期の^{14}C年代測定は、^{14}Cが崩壊するときに出るわずかなベータ線を数えていた。そのため、正確な値を出すためには何日も、場合によっては何週間も測定を続ける必要があり、作業は遅々として進まなかった。ところが1980年代になると、加速器を使って^{14}Cの数を直接数える技術が実用化された。これにより、1日に何十サンプルもの^{14}C年代を測ることが可能になった。

加速器がしだいに普及すると、^{14}C年代を暦年に換算する表、すなわちキャリブレーションモデルの整備は急速に進むようになった。1990年代前半には、1万1300年前にまでさかのぼるモデルが提案され、一部の研究者による利用がはじまった。たとえば、それまで1万年前だと考えられていたものが実際には1万1500年前ごろであること、1万1000年前は正確には1万3000年前に近いことなどが明らかになっていった。2000年近い修正であるから、そのインパクトは絶大である。こうした年代の見直しは、日本でも縄文時代の考古学などに深刻な影響を与え、一部では^{14}C年代測定法そのものに対する不信感や拒絶を産む原因にもなった。ただし現代では、少なくとも樹木年輪で換算表ができている時代については、^{14}Cによって決定された年代を疑う風潮は残っていない。むしろ^{14}C年代測定は、時代をめぐる論争にとどめを刺す切り札であるとみなされる場合が多くなってきている。

樹木年輪の「壁」

樹木年輪を使ったキャリブレーションは、ほぼ望みうる最善のものである。しかし、^{14}C年代測定の適用限界がおよそ5万年前であるのに対し、樹木年輪によるキャリブレーションモデルは、現在でも1万2550年前までしか届いていない。しかも、そのほとんどは1990年代の終わりまでに整備されたもので、最近の10年間では140年ほどしか伸びていない。伸長の速度が明らかに落ちてきている。いったい何が問題なのだろう。

現在のところ、もっとも長い樹木年輪の記録はドイツとスイスの山岳地帯から得られている。古い時代の埋もれ木は、昔の河原の砂利の中からよく見つかる。洪水の際に流されてくる流木である。河原の砂利にはセメントの増量材や敷石としての商品価値があるため、商業的な採掘がおこなわれている。一方、砂利の中から見つかる流木は、商業的には夾雑物《きょうざつぶつ》、すなわちゴミである。研究者たちはアルプスの各地の採石所に依頼し、大きな埋もれ木が見つかるたびに連絡を受けてはそれを回収、研究室に持ち帰って分析するということを繰り返している。

そのようにして集めた埋もれ木からつくったキャリブレーションモデルであるが、年代が1万2000年前に近づくころから、それより古い埋もれ木がほとんど見つからなくなった。アルプス地方が氷期に入ってしまうのである。

氷期は、今から1万1700年前ごろに終わりを迎えた。氷期のヨーロッパは平均気温が今よりも10度も低く、アルプス地方の大半は氷河でおおわれるか、寒帯の草原になっていた。つまり木が生えていなかった。そのような時代の砂利の中をいくら探しても、目指す埋もれ木が見つかる可能性は果てしなく低い。

オーストラリアや南フランスには、もっと温暖な地域から氷期の埋もれ木を見つけようと努力しているグループがあり、一定の成果が得られている。しかしドイツやスイスのように、持続的な研究文化を醸成するところまでは進んでいない。

もっとも長い年輪の記録は、現状で1万2550年前まで伸びているが、^{14}C年代測定の限界である5万年前までには、まだ4万年近くを残している。たとえ今までのペースで記録の伸長が続いたとしても、21世紀中には達成できない計算になる。一方、年代を正確に知る必要性は火急のものである。この広大なギャップは、いったいどうやって埋めればいいのだろう。

ピンチヒッター

換算表のマス目を埋めるために必要なのは、正確な年代がわかっていて、しかも^{14}C年代を測ることができるような試料である。早い段階から注目された試料にサンゴの化石がある。

サンゴの骨格は炭酸カルシウムでできており、炭素を含んでいるため^{14}C年代測定が可能である。また海水中から微量のウランを取り込んでおり、これが時間とともに放射壊変して様々な元素に変わる。なかでもトリウムは水に溶けないため、もともとのサンゴの体内にはほとんど存在しない。したがって、サンゴの化石に含まれるトリウムはすべて、ウランが壊変して生じたものだと考えることができる。この性質を利用して、ウランの量に対してどれだけのトリウムが蓄積したかを調べることで、サンゴ骨格ができてからの経過時間、すなわち年代を推定することができる。ウラン・トリウム法とよばれる方法である。

^{14}C年代に加えて、ウラン・トリウム法で独立に決定された絶対年代がわかれば、両者を組み合わせることでキャリブレーション用のデータをつくることができる。

ただし、一つのサンゴはそれほど長い時間生きるわけではない。また海面変動の問題があるので、氷期のサンゴはいまでは水深100メートル以上の海底に沈んでしまっている。したがって、長い時間をカバーするためには膨大な回数の海洋ボーリングを実施して、サンゴの断片を集めてこなくてはならない。もっと本質的な問題もある。サンゴの骨格に含まれる炭素は、海水中に溶けている二酸化炭素から取り込まれたものだが、海の二酸化炭素には大気由来の新鮮なもののほかに、深海から上がってくる古い二酸化炭素が混入している。このため、いま生きているサンゴであっても、数百年ないし数千年の年代をもってしまっている。いわゆるリザーバー効果である。

リザーバー効果は化石サンゴにも同様に作用する。たとえば、ある化石サンゴの^{14}C年代が5000年前と出たとする。しかし、同じ海域でいま生育しているサンゴが仮に400年前という^{14}C年代をもってしまっているなら、その化石サンゴの本当の年代は5000年前ではなくて、それより400年若い4600年前であると考えた方がいいのかもしれない。

研究者たちはじっさい、このような方法で^{14}C年代の補正をおこなってきた。だがここにも大きな問題がある。サンゴのリザーバー効果は、現在については生きているサンゴの年代を測ることで把握できる。しかし、過去については知る方法がない。しかたなく現在の値をそのまま過去にあてはめているが、リザーバー効果が現在も過去も同じであったとする根拠は何もないのである。氷期の海面はいまより100メートル以上も低かった。海流のパターンもいまとはまるで違っていた。むしろそのような状態の中で、深海からの海水の混入の度合いが、時代によらず一定であったと仮定することにはかなりの無理がある。

この問題には抜本的な解決策が存在しない。とはいえ、補正しようとしている^{14}C年代の誤差が時代によって数千年にも達する中で、リザーバー効果の変動幅は規模において副次的であろうという、当時としては現実的な判断がはたらいた。そのためサンゴのデータは、細部に問題を残してはいるものの、とりあえずはキャリブレーションに用いてもよいという雰囲気ができあがっていった。ただし、その「細部の問題」が研究者たちの頭を離れたことはなかった。それはまるで、いつの日か取り除きたい、疼きをもったコブのようなものだった。

有力なピンチヒッターであると思われたサンゴは、その時代としては最善を尽くしていた。しかし年輪に代わる決定打となるには至らず、学界は次の一手を真剣に模索していた。以上が1990年代後半の、^{14}C年代測定を取り巻く状況だった。

ところで同じころ、極東の島国に、これらのことすべてを知識としてもった上で、新しく発見された縞模様の土を見つめている若い研究者がいた。

北川浩之だった。

北川浩之の挑戦

北川が当時、日文研の若手の助手だったことはすでに述べた。採用されたのは1991年なので、その直後から水月湖の試掘にかかわっていたことになる。日文研の前は名古屋大学の博士課程の大学院生であり、屋久杉の年輪と^{14}C年代の研究をしていた。あとで振り返れば、北川のこの経験が、水月湖研究の方向性を決める上で決定的な下地になったことは明らかである。だが日文研に着任した時点で、北川がそんなことを意図していたわけではもちろんない。

最初に水月湖の年縞を目にしたとき、北川にはそれがまるで年輪のように見えたのだろう。そして、学界の懸案事項だった^{14}C年代較正のことが頭に浮かんだ。年縞は1年に1枚形成される薄い層である。それを1枚ずつすべて数え上げることができれば、年輪と同様に年代決定ができる。水月湖の年縞は45メートルも積み重なっている。1枚の厚さは1ミリメートルにも満たないから、^{14}C年代測定の限界に相当する5万年前に届いている可能性がきわめて高い。

しかも水月湖の年縞堆積物の中には、湖底に沈んだ落ち葉が分解されずに残っている。樹木の葉は、空気中の二酸化炭素だけを光合成によって固定しているので、サンゴのように古い炭素が混入することがない。つまり樹木年輪と同様に、補正を必要としないフレッシュな^{14}C年代を測定することができる。

縞を数えることで暦年代が決まり、樹木の葉の化石を測定することで^{14}C年代が得られるなら、両者を組み合わせれば^{14}C年代の換算表、すなわちキャリブレーションデータが手に入る。しかもリザーバー効果の影響がなく、サンゴよりもデータの「素性」がいいため、クオリティにおいて樹木年輪に匹敵するものができる可能性がある。水月湖の年縞は樹木年輪よりも長く、^{14}C年代測定の限界である5万年前までをカバーしている。大きなブレークスルーの鉱脈がそこに埋まっていた。

北川の目には進むべき道が見えた。だが、年縞を使った大規模なキャリブレーションの成功例は、当時まだ存在していない。必要なことはただ二つ。何万枚もの年縞を数えることと、何百枚もの葉っぱの^{14}C年代を測ることだった。シンプルといえばこの上なくシンプルである。だが問題は、その膨大な作業量だった。そんなことが本当に可能なのだろうか。

^{14}C年代測定が適用できる5万年のうち、樹木年輪が届いていない時代がおよそ4万年分ある。4万枚の縞を数えるとは、いったいどれほどの作業なのだろう。

当時の北川は8年の時限雇用であり、次のステップにつなげるためには、ある程度の数の論文を生産しておく必要があった。93年の本格的な水月湖掘削は、北川が日文研に就職して3年目の出来事である。つまり、残り時間はすでに5年ほどしかなかった。膨大な手間のかかる一つの仕事に何年も費やすことは、本来であれば難しい身分である。しかも名古屋大学の大学院博士課程在学中に日文研に引き抜かれていたため、博士論文のまとめもしなければならなかった。そのテーマは年輪であり、水月湖の堆積物と深いところでつながってはいるが、直接の関係は薄かった。年縞を本気で4万枚数えた研究者は当時まだいない。それが本当に可能であるのか、どういう方法を使えばいいのか、時間は本当に足りるのか、わからないことだらけだった。

だが結局、北川は4万枚の縞を数えきる決断をした。

長い戦い

最初の数年間は予備実験で終わった。水月湖の年縞は、つねに明瞭であるとは限らない。直接肉眼で観察するだけでなく、樹脂を浸潤させて薄片にしたり、紫外線を当てて蛍光を見るなど、さまざまな方法が試された。必要なのは正確さとスピードの両立である。いくつかの方法は年縞の検出に高い精度を発揮するように思われたが、それを4万枚すべてに適用するには時間がかかりすぎた。比較的シンプルな方法であっても、年縞の保存のいい時代であれば問題はなさそうだった。しかし、時代によっては年縞が乱れていたり、薄すぎたりした。

縞数えのための分業を模索したこともあった。たとえば東京都立大学の福澤仁之教授は、北川と同じ時期に水月湖の年縞の計数に打ち込んだパイオニアである。年縞を使って火山の噴火時期を詳細に決定したり、気候変動のスピードを見積もるなど、日本における初期の年縞研究を代表する仕事を残しており、ある時期までは北川とも協力関係にあった。だが福澤教授の仕事はあくまでも堆積学的な緻密さを目指すもので、たとえば年縞を認定するのに、最後には電子顕微鏡まで動員するほどだった。当然ながら、そのような分析には膨大な時間がかかる。個々の出来事を精密に復元するにはいいが、4万枚の縞すべてを数えきるには適していなかった。

年縞研究の先進地ドイツから研究者が招かれたこともあった。ポツダム地質学研究所(当時)のベルンド・ゾリチカ博士は、年縞研究の意義を世界に知らしめて一時代をつくったスターである。水月湖の年縞研究がまだ模索の段階だったころ、そのゾリチカ博士が日文研の安田研究室を訪れ、北川と会っている。北川は^{14}C年代を年縞で較正するという自分のアイディアを語り、ゾリチカ博士も興味を示した。だがゾリチカ博士にとってすら、4万枚もの年縞の計数は未知の世界であり、忙しい中から水月湖のための時間を新たに捻出できるとは思えなかった。けっきょく予察的な分析やアドバイスならできるが、全部を数えきる仕事は北川がするしかないという結論になった。

ここで恥をしのんで告白するが、その現場に学生として居合わせた当時の私は、あくまで数えきることを目指す北川をアマチュアだと思い、その仕事を抱え込むことを選択しなかったゾリチカ博士をプロだと感じた。投入される労力は、よく絞り込まれた特定のテーマに対して必要十分であるのがスマートだと思っており、何かを度外視して徹底的につくり込まれた仕事だけがもつ、あの特別なオーラについては理解していなかった。ゾリチカ博士と対等に渡り合ったこのときの北川は、まだ30歳にもなっていない。世界に知られる業績があったわけでもなく、留学経験すらなかった当時の北川に、なぜそれほど遠くの景色を見据えることができていたのか、私にはいまでもうまく理解できていない。

最終的には、ボーリングコアから細長く切り出した堆積物の表面をナイフできれいに成型、実体顕微鏡とデジタルカメラを組み合わせて撮影し、コンピュータで色の濃淡の変化を見る方法が中心的に採用された。濃淡の定量化には、医療用に開発されたフリーソフトを用いた。最初の数年間に試された多くの方法の中では、拍子抜けするほど単純なアプローチである。おそらく試行錯誤を繰り返す中で、何を1枚の年縞とみなすか判断する「目」が養われていったのだろう。ちなみに当時デジカメはまだ実験段階といってよく、北川のこの仕事は、堆積物をルーチンで大量に分析するために効率的にデジカメを用いた先駆的な事例となった。

もっとも実体顕微鏡による直接観察は、縞が明瞭で厚い場合には問題ないが、縞がとくに薄く、当時のデジカメの解像度では分解しきれない場合などには限界がある。そういうときにはカミソリをつかい、堆積物を地層に対して浅い角度で斜めに削ぎ切りにすることで、厚さを強調して断面を観察した。いずれにせよ、信じられない量の手作業である。当時から北川は、誰よりも早く出勤し、誰よりも遅くまで実験室から出てこないことで有名だった。孤独で長い戦いがそのようにしてはじまった。

もう一つの長い戦い

北川が自らに課した仕事はそれだけではなかった。縞模様を数えることと並行して、樹木の葉の化石を抽出し、さらに^{14}C年代まで測定しなくてはならなかった。暖かい時代の照葉樹の葉はそれなりに頑丈だが、氷期に生える落葉樹の葉は薄くて柔らかい。それが何万年もの間に、さらに傷んでもろくなっている。端をつまんだだけでばらばらに崩れてしまって、持ち上げることすらできない場合の方が多いほどである。大きめの葉は堆積物を手で割ることで露出させ、ピンセットで拾い上げることができたが、それ以外についてはボーリングコアを3センチメートルおきに刻み、凍結乾燥で粉末状にしたうえで篩《ふるい》にかけ、網の上に残った小さな葉の欠片をピンセットで拾い集める必要があった。1万年前から5万年前までの堆積物は、厚さにしておよそ26メートルである。これを3センチメートル間隔で分割すれば、サンプルの数は単純計算で800を優に超える。これだけで、たとえば1日に1個ずつこなしたとしても2年以上かかる分量である。

しかも^{14}C年代を測るためには、取り出した葉っぱに化学処理をほどこし、真空のガラス管の中で酸化銅と共に燃焼させ、水などの不純物を分離して純粋な二酸化炭素に精製した後、特殊な触媒で黒鉛の粉末に変換する必要がある。大量のサンプルをルーチンで処理するという発想自体が、^{14}C年代測定の世界ではまだ新鮮に響く時代だった。

北川は自らバーナーを握ってガラス細工の腕をふるい、日文研の一室に水月湖専用の

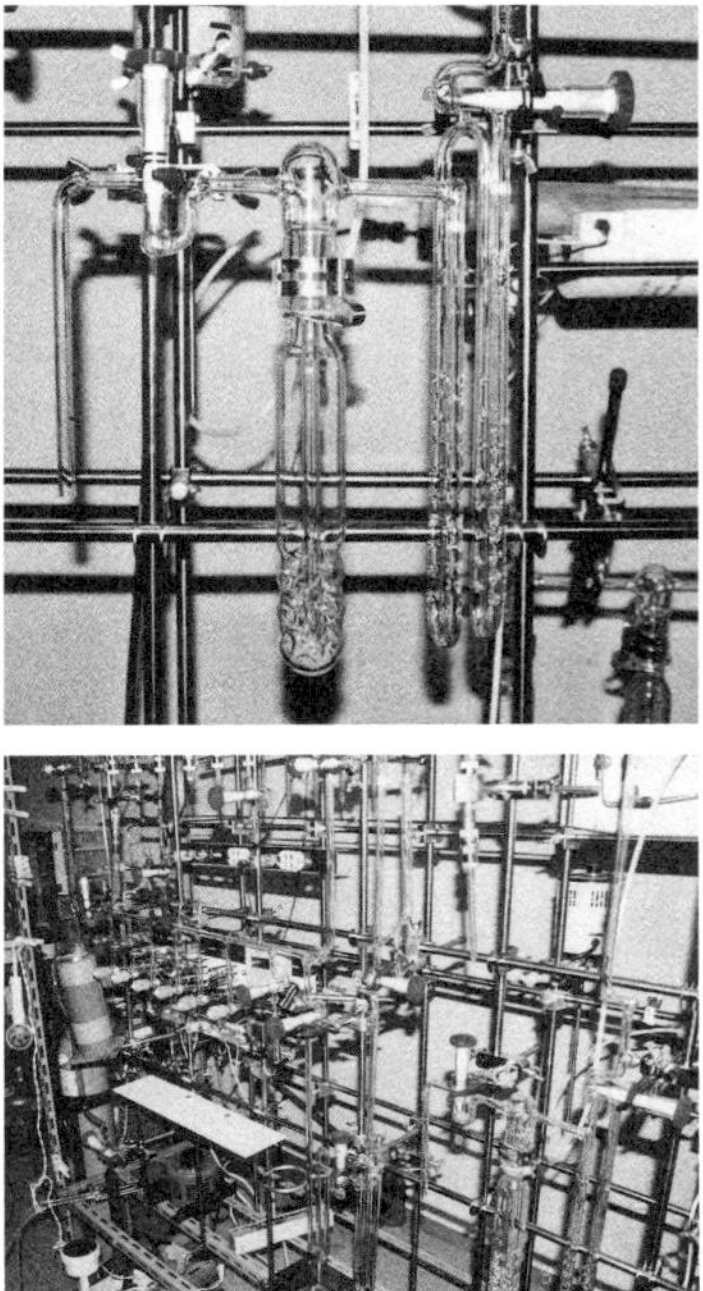

図 2-2　北川自作の真空ライン

真空ラインを組み上げ、何百というサンプルを処理していった(図2‐2)。

自作の実験装置には多くの工夫が詰め込まれていた。たとえば真空ライン中のバルブの開閉は、水道の蛇口に似たスクリュー式のものを用いるのが普通である。だが小さいハンドルをいちいち回して開閉するには数秒程度の無駄な時間がかかるし、動作と思考も中断される。北川は円錐形の栓をレバーで開閉するワンタッチ式のバルブを自作し、極限の領域でルーチンの効率化を目指した。

また水蒸気を除去するトラップは特殊な魔法瓶のようなもので、ある種のアルコールと液体窒素を入れて使うのだが、これも適当な大きさと開口径のものが見つからなかった。北川はけっきょく、大小のガラス管を組み合わせて二重構造の容器をつくり、さらに内部で銀鏡反応を起こさせ、オリジナルの魔法瓶を自作してしまった。

年代測定の仕上げには、こうして精製した黒鉛の粉末を特殊な錠剤に固め、加速器に入れる。試料室の中でイオン化された炭素の原子は、数百万ボルトという超高電圧によって光速の10パーセント程度にまで加速される。その後、強い磁場によって方向を変えるのだが、そのとき原子は質量数ごとに違う曲がり方をする。重いトラックより軽いスポーツカーの方がコーナーを曲がりやすいのと、原理的にはまったく同じ現象である。自然界に存在する3種類の炭素^{12}C、^{13}C、^{14}Cは、それぞれ重さがちがう。最初はすべて同じコースを飛んでいるが、加速器の最終コーナーを抜けた後では、重さに応じたコースに分かれている。後はそれぞれのコースに検出器を置いて、到達する原子の数を数えるだけだ。そうすれば^{14}Cと^{12}Cの数の比がわかり、^{14}Cが本来の量からどれだけ減っているかがわかる。

^{14}C年代測定に適した加速器は、当時はまだ国内に数台しか導入されていなかった。北川の母校である名古屋大学はその中では中心的な拠点だったが、名古屋の能力をもってしても、何百ものサンプルを一つのプロジェクトのためだけに測定することは困難だった。一つの研究地点から、加速器で測定した年代が数点でも得られていれば先進的といわれた時代である。一気に数百点という北川の野望は、当時の常識のはるか先をいくものだった。

プロジェクトの開始から4年後の1997年、北川は文部省(当時)から資金を獲得し、オランダのフローニンゲン大学に1年間滞在した。フローニンゲン大学には当時最新鋭の加速器があり、短時間に大量の分析をおこなうことが可能だった。加速器部門の責任者だったハンス・ヴァン・デル・プリフト教授には国際学会の席で直談判し、客員研究員として施設を利用する許可を得ていた。長いトンネルの最後を、一気に駆け抜ける準備ができた。

時間の統一

世界の多くの研究者が、年輪に代わるキャリブレーションデータを模索していた。だが、ここで新たな問題が持ち上がった。世界各地の研究グループからもたらされるデータが、古い時代の方で微妙に食い違っていたのである。

年輪のデータはほぼ理想的であり、問題になるほどの食いちがいは生じなかった。だがサンゴには、深海の古い二酸化炭素が混入するという問題があり、年輪ほどデータの「素性」はよくない。新しい流れとして、鍾乳石に基づいたキャリブレーションも提案されたが、石灰岩由来の古い炭素という同様の問題を抱えていた。このため、年輪の記録が届かない古い時代について、一見すると矛盾しているように見えるデータが出てくること自体は驚きではなかった。問題は、それにどう対処するかだった。

キャリブレーションモデルとは、不正確な年代データを修正するための補正表である。あるいは、異なる単位系(この場合は^{14}C年代と暦年代)の間の換算表であると理解することもできる。換算表が複数存在すれば、通常は著しい不都合が発生する。

たとえば1マイルという距離の単位がある。歴史的には古代ローマ人が使いはじめたもので、メートル法に直すと1ローママイルはおよそ1・48キロメートルに相当する。スペインでもマイルという名の単位が使われる場合があり、その場合の1マイルは1・39キロメートルである。1ドイツマイルは極端に長く、7・5キロメートルほどもある。現在でもヤード・ポンド法を公式の場で多く用いるイギリスの1マイルは、1・609344キロメートルと定義されている。アメリカもヤード・ポンド法の国だが、アメリカで地図測量に用いられる1マイルはおよそ1・609347キロメートルであり、差はわずか3ミリメートルほどだが、イギリスのいわゆる国際マイルよりも長い。

このような状態は、望ましいとはとてもいえない。もっと端的にいえば迷惑である。歴史の必然でそのような状態が発生してしまったのなら、解消のための努力が払われなくてはならない。メートル法はそのような文脈から登場し、それまで世界に存在していた不必要な垣根を数多く取り払った。

同じことは年代にもあてはまる。たとえば放射性炭素年代で8300年前とされた試料の本当の年代が、樹木年輪によれば9300年前であり、サンゴによれば9600年前であるといったことが、1990年代半ばにはじっさいに起こっていた。結果が同じにならないことは、結果が不正確であること以上に問題だった。なにしろ、同じ年代値を示す二つの化石であっても、じつは同じ時代のものではない可能性が出てきてしまったのである。

世界共通のキャリブレーションという発想は、こうした問題意識の中から生まれた。正確なキャリブレーションに至る道は遠い。しかし、せめて世界が共通の換算表を使わなくては、円滑なコミュニケーションすら成り立たなくなってしまう。提案されているいくつかのキャリブレーションデータの信頼度を横断的に評価し、取捨選択したり統合したりすることで、世界共通の換算表をつくろうとする機運が自然と醸成されていった。

最初にリーダーシップを取ったのは、ワシントン大学のミンツ・スタイバー教授である。教授が目指した「世界標準」のキャリブレーションデータはＩｎｔＣａｌ《イントカル》とよばれる。初期のＩｎｔＣａｌは、キャリブレーションを実行するための専用ソフトウエアに組み込まれた縁の下のデータセットとして、どちらかといえば地味にスタートした。

ＣＡＬＩＢ《カリブ》とよばれ、現在でもアップデートが続いているそのソフトウェアの最初のバージョンが公開されたのは、いまから40年近く前の１９８６年のことである。そのときの論文のタイトルは“A computer program for radiocarbon age calibration”（放射性炭素年代較正のためのコンピュータプログラム）となっており、ソフトウェアが開発されたことを前面に出す一方で、その背後にあるデータセットについては言及していない。なお余談であるが、このソフトウェアを開発したのは、当時スタイバー教授の技官だった女性研究者、ポーラ・ライマー博士である。ライマー博士はスタイバー教授の引退後にＩｎｔＣａｌプロジェクトを引き継ぎ、やがて水月湖の運命にも深く関わってゆくのだが、この話には後で必ず触れることになる。

このように、最初はむしろ脇役としてスタートしたＩｎｔＣａｌだったが、その後１９９３年までに数回の更新を受ける。またその過程で、キャリブレーション用のソフトウェアと、そこに組み込まれたデータセットを分けて扱う考え方が浸透していった。貨幣換算において、電卓と交換レート表が本質的に別物であるように、ソフトウェアであるＣＡＬＩＢと、換算表であるＩｎｔＣａｌを別物だと考える態度は基本的に正しい。元々の母体であるソフトウェアから切り離されたＩｎｔＣａｌは、１９９８年の暮れにはじめて発表された。その際の論文のタイトルは"INTCAL98 radiocarbon age calibration, 24,000-0 cal BP"（ＩＮＴＣＡＬ98放射性炭素年代キャリブレーション、2万４０００年前から現代まで）であり、そこには母体であるソフトウェアの面影は残っていない。一般的にはこのＩｎｔＣａｌ98をもって、最初の独立したＩｎｔＣａｌであると考える場合が多いようである。

標準時をめぐるデッドヒート

北川のデータはこうした流れの中で、１９９８年の2月20日に「サイエンス」誌に掲載された。水月湖ではじめて本格的なボーリングコアが採取された１９９３年から、じつに5年の歳月が流れていた。ＩｎｔＣａｌ98が発表されるのはそれから約10カ月後の、１９９８年の暮れである。つまり北川の論文は、ＩｎｔＣａｌに採用するデータセットをまだ選んでいる段階でデビューしたことになる。当時、樹木の年輪に基づいたキャリブレーションモデルは1万１８５０年前までしか伸びていない。北川のデータはそれを一気に4万５０００年前まで伸ばすことで、世界から驚きと賞賛をもって迎えられた。

4万５０００年前といえば、ほぼ^{14}C年代測定の限界に相当する。しかも水月湖の^{14}C年代は、樹木の葉の化石に対して測られている。つまり、深海や石灰岩に由来する古い炭素を含んでおらず、新鮮な大気の^{14}C年代をそのまま記録しているため、本質的に「素性」がいい。少なくとも論理的には、北川データはそれ自体がすでに完成品であり、大枠としては改良の余地が残っていない可能性すらあった。

原爆開発の落とし子としてはじまった^{14}C年代測定の手法が、半世紀におよぶ努力の末に被爆国日本で完成する。北川の元にはBBC(イギリス放送協会)をはじめ世界のメディアから取材が殺到した。水月湖研究の前半のクライマックスである。このときの北川は確かに、横で見ていてまぶしいほどの栄光に包まれていた。水月湖は次のＩｎｔＣａｌの重要な部分を担うだろうと、多くの人が予想した。じっさいＩｎｔＣａｌグループは、そのことを真剣に検討したようである。

だが現実の出来事は、ここから北川自身と北川データの運命にもう少し複雑な陰影を与えていく。

年輪の限界を超えるキャリブレーションのために、当時暫定的に使用されていたのがサンゴだった。カリブ海のバルバドスから得られた最新のデータは、キャリブレーションモデルを2万4000年前まで延長する可能性があった。だが、サンゴのデータには二つの問題があった。一つはすでに述べた、深海由来の古い炭素が混入する問題である。もう一つは、サンゴのデータが基本的には断片的であり、長い時代を連続的にカバーすることが困難であるという問題である。水月湖のような堆積物、あるいは樹木の年輪であれば、一続きの試料を順番に分析していくことで、ほぼ連続的なデータセットを手に入れることができる。しかしサンゴの場合、望む時代の試料が見つかる保証は一切なく、限られた時間と予算の中でボーリングを繰り返すしかない。このため、サンゴのデータは線というよりむしろまばらな点であり、それが究極のデータであるとは思われていなかった。

この問題を正面から認め、圧倒的なデータ数でもって点を線に変えるのが北川の基本的な発想だった。そのようなデータは必要とされており、北川の戦略は完全に理に適っていた。だが、同じことを考えていたのは、世界で北川ただひとりではなかった。北川が京都の研究室でひたすら縞を数え、オランダのフローニンゲン大学で大量の ^{14}C 年代を測っていたのと同じころ、アメリカでも年縞堆積物と格闘している研究者がいた。コロラド大学の若い秀才、コンラッド・ヒューエンである。

ベネズエラの沿岸に、カリアコ海盆という不思議な海底地形がある。カリブ海の一部なのだが、列島によってカリブ海からほとんど切り離され、その内側は落とし穴のように深い。この海盆の底は、その特殊な地形ゆえに酸欠になっている。またベネズエラの北部には明瞭な雨期と乾期があり、雨期には陸から土が流れてくる。一方、乾期には北東の貿易風が吹きつける。この風が起こす海流によって、海盆の底の栄養塩に富んだ水が海面近くまで湧き上がり、プランクトンの発生をうながす。プランクトンの中には微小な殻をもつものがいて、乾期が終わると死んで海底に降り積もる。このようなメカニズムによって、カリアコ海盆の底にも年縞をもつ堆積物がたまっていた。

ヒューエンは、この年縞堆積物の色を分析することで、大西洋の高緯度地域と低緯度地域の間で気候のリンクが見られることをつきとめ、「ネイチャー」誌に発表した。IntCal98が発表される2年前のことである。当時ヒューエンはまだ大学院生であり、このネイチャー論文が実質的にヒューエンのデビュー作になった。その後の四半世紀の間に、世界中の研究者によって600回以上も引用され、古気候学の「古典」の一つになっている名作である。

そのヒューエンが次に放った矢が、^{14}C年代のキャリブレーションだった。北川と申し合わせていたわけではなく、歴史にときおり見られる平行現象である。最初は北川とまったく同様に、デジタルカメラと肉眼で年縞を数えはじめ、やがて空港のセキュリティチェックで使われる全身スキャナと同じ原理のX線装置を組み合わせて用いるようになっていった。一方で年縞堆積物に含まれる、有孔虫とよばれるプランクトンの殻を大量に拾い集め、^{14}C年代を測定した。それらを組み合わせた論文は、デビュー作から2年後の1998年に、北川のサイエンス論文より50日だけ早く「ネイチャー」誌に掲載された。ここに、ヒューエンと北川の一騎打ちがはじまった。

ヒューエンのデータはサンゴに比べて圧倒的に連続性が高く、少なくともその点では究極のデータセットであると思われた。ただし、サンゴと同じく海から得られたものであり、したがって深海由来の古い炭素の問題は克服されていなかった。カバーする時代で見ても、カリアコ海盆の年縞が鮮やかであるのは氷期末期の1万4500年前以降だけであり、年輪のデータと比べて3000年ほどしか古くなかった。

一方の北川データは、連続性の点ではヒューエンよりわずかに劣るが、湖の堆積物を用いているため深海由来の古い炭素の問題がなく、データとしては「素性」がよかった。しかも、カバーする時代は一気に4万5000年前に達していた。

ＩｎｔＣａｌグループは、手に入るすべての情報の検討をおこなった。議論の詳細がすべて日本にまで伝わっていたわけではないが、ＩｎｔＣａｌグループの文化に照らしても、負っている責任の大きさから考えても、科学的に慎重かつ誠実な検討がなされたことは確かである。北川論文の共著者であるフローニンゲン大学のプリフト教授はＩｎｔＣａｌグループのメンバーだったし、すでに帰国していた北川本人の元にも、データや手法の詳細に関する問い合わせがあった。北川の、5年におよぶ努力に対する評価が下されようとしていた。

年縞を数えることで決定された年代はきわめて精密であるが、誤差がないわけではない。さらにやっかいなことに、その誤差は時代をさかのぼるにつれて蓄積していく性質をもっている。たとえば、年縞１００枚のうち１枚が不明瞭で、１年として数えるべきかどうかの判断がつきにくいとする。この場合、１００年前とされている層はじっさいには99年前のものかもしれないし、１０１年前のものかもしれない。この誤差は、２００年前では2年に拡大し、１０００年前では10年、５万年前では５００年にもなってしまう。

実際には年縞の計数誤差はこれよりやや大きく、世界でもっとも保存のよい年縞であっても、１００枚につき3枚程度の不確かさはもっているとされる。水月湖とカリアコ海盆も例外ではない。じっさい、水月湖とカリアコ海盆から得られた結果を比較すると、両者の間にはおよそ１８０年のちがいがあった(図2-3)。どちらをより真実に近いと判断するか、ＩｎｔＣａｌグループの議論はその点に集中した。

けっきょく決め手になったのは、カリアコ海盆で復元された気候変動だった。ヒューエンのデビュー作は、カリアコ海盆の年縞の色をつかった気候変動の復元だった。これを世界のほかの地点、とくにグリーンランドで復元された気候変動と比較したとき、大きな変動のタイミングは非常によく合っているように見えた。一方、水月湖に

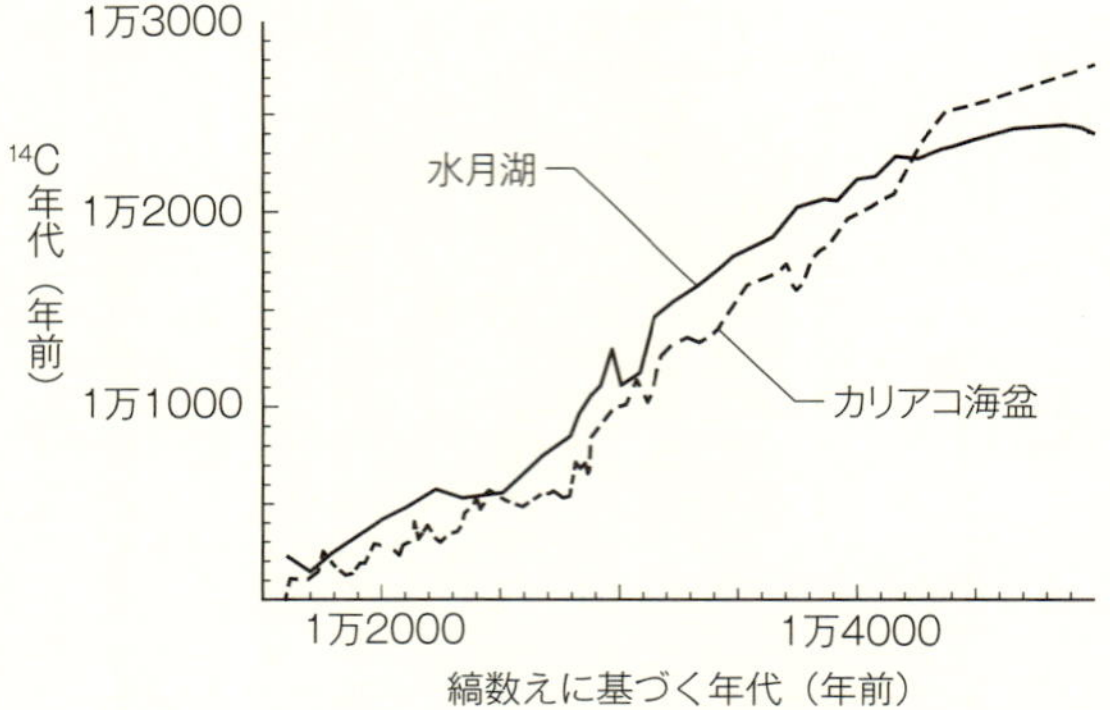

図 2–3　水月湖とカリアコ海盆から得られた結果
(Stuiver et al. 1998 Fig. 7 inset)

は、当時はまだそのような間接的なサポートがなかった。気候変動が必ずしも全世界同時である保証はなく、したがってヒューエンのデータに対するサポートも、本当の意味で確固たるものではなかった。だが、発展途上のサイエンスはシンプルな仮定を好む。「ヒューエンのデータは基本的に正しく、気候変動は同時である」とする仮定は、「ヒューエンのデータには誤差があり、そのため本来同時ではない気候変動がたまたま同時に見えている」とする仮定よりも、明らかにシンプルだった。

ＩｎｔＣａｌ98の詳細は、１９９８年の12月、アリゾナ大学が発行する専門誌「ラジオカーボン」の特集号で発表された。ＩｎｔＣａｌ98のうち、１万１８５０年前までは年輪、その先1万4500年前まではカリアコ海盆の年縞とサンゴ、さらに2万4000年前まではサンゴのデータを使うことが宣言され、2万4000年前より昔については、現時点でキャリブレーションを定義すること自体が不可能であるとされた。つまり、北川データはＩｎｔＣａｌ98のどこにも採用されなかったのである。

北川はあくまでも真実を追い求めただけであり、ＩｎｔＣａｌという政治的な成功を目指していたわけではない。だが、これはやはり一つの挫折であったと思う。

気候変動が全世界で同時であるかどうかは、本来は信頼できる年代目盛を用いて科学的に検証するべきテーマである。逆に気候の同時性をまず仮定して、そこから年代目盛の精度を検証しようとするヒューエンのロジックは、その年代を用いて気候変動のタイミングを議論しようとする際に循環論に陥る危険が大きく、取り扱いに注意を要する。一方、縞数えの信頼度の根拠を自分自身だけに求める北川の流儀は、援軍がいない分だけ孤独ではあるが、少なくとも志においてはヒューエンよりも「ピュア」である。両者のこのような違いは、その後のＩｎｔＣａｌの歴史の中でしだいに拡大し、顕在化してゆくことになる。だが1998年当時、そのことを正確に予見していた者はひとりもいない。

いくつかの立場のちがいはあったものの、カリアコ海盆と水月湖のデータはいずれも、^{14}C年代測定の歴史の中で、20世紀最後の数年を彩る金字塔だった。そのどちらもが、20代後半から30代前半の若手によって達成されたものであるという事実には、ここで改めて強調する価値があると思う。ふたりの仕事はいずれも、その時代の常軌を逸した量のデータに支えられて緻密である一方で、主張していることはおそろしくシンプルで美しい。何が現実的で何が非現実的であるかの判断は、しばしば経験のみに立脚している。圧倒的な能力があり、しかも経験の浅い若者でなくては、取りかかることも完遂することも難しい仕事というのがあるのだろう。

北川もヒューエンも、アクティブな研究者として現在も活躍を続けているが、ＩｎｔＣａｌなど本質において政治的な活動には積極的に参加していない。最高のデータを出すことにあれほどまでこだわりながら、それがどう使われるかには大して関心がないように見える。ＩｎｔＣａｌのスタイバー教授が表舞台に立つ料理人のようなものだとするなら、北川やヒューエンは、ぜったいに欠かせない素材をつくる篤農家に似ていたかもしれない。駆け出しのころの私に強い影響を与えたふたりの研究者は、いまでも私にとってヒーローであり続けている。

3 より精密な「標準時計」を求めて

93年コアの限界

北川のデータに欠けているものがあったとすれば、それはいったい何だったのだろう。思い当たることは二つあった。一つは北川が研究に使った1993年コア（いわゆるSG93）の質の問題、もう一つは年縞の数え方の問題である。

水月湖の堆積物は、年縞のある部分だけでも45メートルの厚さがある。現代のボーリング技術をもってしても、45メートルの堆積物を1本の長い柱状試料として採取することはできない。用意できるやぐらの高さなどの条件にもよるが、実際には1メートルほどのパイプを使って、短い掘削を何度も繰り返すことで深い地層を採取していく場合が多い。SG93も、このような標準的な方法で採取された。コアの回収率は、およそ97パーセントであると推定されていた。100パーセントでないのは、採取された試料と試料の間に、ほんの数センチメートルほどの欠落があったからである。

掘削を指揮した安田先生と、作業をおこなった川崎地質株式会社の名誉のために強調するが、SG93のこの回収率は、通常のボーリングとしては何ら恥じる必要がないどころか、むしろ良好である。なにしろ、採取されたコアを実験室で開けてみるまでは、水月湖にそれほど長く連続した年縞堆積物があるという基本的な知識すらなかったのである。結果だけを後から批判することはいつでもたやすい。だが相手が年縞堆積物であり、目標が縞数えであったことで、この数パーセントの欠落が問題として浮かび上がってしまった。

堆積物が数センチメートルでも未回収であるということは、その中に含まれる年縞の枚数も、厳密には未知であることを意味する。失われた年縞の枚数がわからなくては、全世界が安心して参照できる年代の目盛をつくることも難しい。少なくともこの点において、SG93コアは抜本的な改善を必要としていた。

北川データにかけられたもう一つの疑念は、年縞の数え方である。北川が採用したのは、要約すれば「表面の色を丁寧に観察する」という方法だった。じつは後年、私たち自身がおこなった再検討によって、北川の計数はほとんどの時代について驚くほど正確だったことが判明する。だが、サンゴの年代がウラン・トリウム法によって客観的に決められているのと比較したとき、ひとりの研究者の能力だけに依存した方法は、いかにも心もとなく思えた。

ＩｎｔＣａｌ98はヒューエンのデータを採用し、北川のデータは採用しなかった。その判断はけっきょく正しかったのだろうか。

もっとも信頼できるキャリブレーションデータは樹木の年輪から得られる。だがＩｎｔＣａｌ98が発表された当時、年輪の連続記録は1万1850年前までしか到達していなかった。一方、年輪の研究者たちも1998年以降に努力を停止したわけではなかった。1万1850年前の世界は氷期であり、アルプスでは樹林限界が低下して草原が広がっていた。そのため、見つかる埋もれ木の数は絶望したくなるほど少なかった。それでも研究者たちは地道な努力を続けた。

その結果、2004年までの6年間で、年輪の記録は1万2410年前まで伸びた。わずか560年ほどの伸び幅であるが、この560年が、ヒューエンと北川が独立に提案したキャリブレーションデータの「答え合わせ」を可能にした。

それまでは、「正解」である年輪のデータが手に入っていなかった。そのため、二つある「答案」のうちどちらを採用するべきか、本当の意味で科学的な判断はなされていなかった。だが「正解」が手に入ったことで採点が可能になった。比較の結果、少なくともこの時代について、より正しい傾向を示していたのはヒューエンの方だった。

またこのころから、加速器を効率的に使って大量の^{14}C年代を測定する文化が急速に浸透していった。その結果、もっと古い時代のサンゴのデータが劇的に増えた。鍾乳石の良質な連続データも加わった。ヒューエンも、カリアコ海盆から一気に5万年を超えるデータを報告した。特筆に値するほどの、群雄割拠の時代である。それらのデータをすべて比較したとき、北川のデータはほかのどのデータよりも若い傾向を示していた。深海や石灰岩に含まれる古い炭素の影響を補正しなくていいのは、あいかわらず北川の水月湖データだけであり、その意味では北川だけが真実に近く、ほかのデータがすべて一様に誤りである可能性もゼロになったわけではない。しかし、世界のいろいろな場所から独立に報告されるデータが、すべて同じような誤差を含んでいると仮定することには無視できない不自然さがともなう。

ＩｎｔＣａｌ98から6年後の２００４年、こうした状況を踏まえてＩｎｔＣａｌ04が発表された。ＩｎｔＣａｌ04の主眼は、年輪のデータが1万２４１０年前まで伸びたことと、サンゴのデータが大幅に増えたことである。カリアコ海盆のデータも、氷期末期の部分に全面的に組み込まれてサンゴのデータを補強した。だがこのときもまた、水月湖は参考として言及されただけで、キャリブレーション用の世界標準データとして採用されることはなかった。

この時点で水月湖は、世界でもっとも「おしい」湖だったと思う。コアの連続性と縞数えの信頼性。この二つの問題を何としても解決する必要があった。だがそのためには、新しい掘削試料と技術革新の両方が必要だった。言い換えるなら、あれほどの労力と時間を要した北川の仕事を、さらに高いレベルでやり直すということである。それは、言葉で書くほど簡単なことではない。

イギリスの決断

転機はＩｎｔＣａｌ04の翌年、２００５年に訪れた。当時の私は、イングランド北部のニューカッスル大学に着任して2年目の新人講師だった。本来は、北川と同じＳＧ93コアを用いて気候変動の研究をするために採用されたポストだったが、ＳＧ93の年代目盛の問題が明らかになってきたことで、私の研究も暗礁に乗り上げていた。２００３年に仮説的な論文を書き、それなりに評価されて「サイエンス」誌に載りもしたが、翌２００4年にＩｎｔＣａｌ04が発表されたことで、その論文も少なくとも部分的には誤りであることが判明してしまった。私は明らかに焦っていた。

日文研に抜擢された当時の北川もそうだったが、このときの私も国際的には無名だった。ニューカッスル大学にとって、私を採用するのは蛮勇に近い賭けだったはずである。それはつまるところ、北川が世界に知らしめた水月湖のポテンシャルに対する投資ということであって、決して当時の私に対する冷静な評価ではなかった。私は成果を出す必要に迫られていた。

その焦りが私の背中を押した。当時のイギリスには、年齢によらず着任から3年間だけ応募資格のある、新人向けの研究補助金制度があった。私はその補助金に水月湖の再掘削で応募し、幸いなことに満額の支援を得ることができた。補助金の上限は5万ポンド、それにインフレ予測分を上積みした5万2000ポンドが、私の研究用の口座に振り込まれた。2005年当時のレートでおよそ1100万円である。掘削をするのに十分な額とはとてもいえない。だが、その予算で前に進むしか選択肢はなかった。

余談だが、私がその研究補助金に応募したのは2005年で2回目だった。1回目は2004年で、そのときは不採択に終わった。応募書類は世界のエキスパートから選ばれた5人の審査員に送られ、詳細な審査を受けた。5通の審査レポートはすべてイギリスの担当委員に返送され、担当委員はそのレポートを参考に採否を決めるのだが、不採択の場合には5人分のレポートと、担当委員による長文のコメントがすべて私に送られる。次回に向けた努力の方向性を明示する、きわめて合理的かつ誠実なシステムである。

最初の年、水月湖の再掘削プロジェクトはすべての審査員から高い評価を受けた。ただ、一点のみ強い不安が表明されていた。それは、日本の研究者コミュニティとの関係性だった。水月湖が「おしい」湖であることは世界が知っていた。それを、日本人であるとはいえイギリスを拠点とする私が研究することは、人の家の庭先から宝物をかすめ取るようなもので、それをすれば日英の科学者の関係にきしみを生じる懸念がある。「日本のコミュニティが同意していることの証拠が必要」というのが委員会の最終的な見解だった。

その翌年、私は同じ補助金にふたたび応募した。応募資格は着任から3年だけ、つまりチャンスは残り2回である。申請書の中身は、前回から一文字も変えなかった。ただし、日本の年縞研究のリーダーであった安田先生にお願いをして、「日本は中川の計画を歓迎し、応援する」という趣旨の手紙を書いていただき、添付資料として提出した。申請内容をまったく変えないことに不安はあったが、前年の申請に対してきわめて具体的なフィードバックをくれたイギリスの見識に、少なくともこのときは賭けてみようと思った。

結果は2005年の5月に届いた。イギリスは、「問題は日本の科学コミュニティとの関係だけである」という前年の立場を貫き、問題は解消されたとして満額の支援を約束してくれた。「水月湖をやり直す」という、イギリスの決意が示された瞬間だった。

1ミリも取りこぼさない

水月湖の第二次掘削は、2006年の夏におこなわれた。

水月湖は周囲に港湾設備はおろか、人工の建物すらほとんどない景勝地である。大がかりな装置を乗せられる台船などは調達できない。掘削技術にくわしい大阪市立大学の原口強博士に相談したところ、長崎の有限会社西部試錐工業(現在は株式会社)を紹介してくださった。西部試錐工業は水上での掘削作業を得意としており、トラック2台で運べる分解式の台船を持っていた。これを使うことで、比較的安価に大規模な掘削をする目処が立った。

だが、普通に掘削したのではSG93と同じ失敗を繰り返してしまう。今回は、数センチメートルといえどもコアのつなぎ目に発生するロスを見過ごすわけにはいかない。専用の外洋航行船が使える海洋掘削と異なり、組み立て式の台船とやぐらはサイズにきびしい制約がある。そのため、1回に採取できるコアの長さも限られてくる。西部試錐工業の北村篤実社長は、台船の片側にひさしのような縁側を伸ばし、長さ2メートルのコアまで扱える環境をつくった。だが、厚さ70メートルを超える堆積物をすべて採取するには、それでもコアを30回以上も採取しなくてはならない。そのたびに多少の取りこぼしが発生することは不可避である。

私たちはけっきょく、掘削を複数回おこなうことで取りこぼしの深度をずらし、全体として欠落のないコアを採取することにした(図3-1)。きわめて原始的かつ労力のかかる方法であるが、うまく行った場合にはコアの連続性に疑いの余地が残らない。この「疑念が残らない」という点が、再起をかけた水月湖プロジェクトの場合には何よりも重要だった。

ここでカギとなるのは、隣り合うコアの上下端どうしが確実に重複しているかどうかである。年縞は毎年同じ厚さで均質にたまるのではなく、厚さや色にある種の「表情」がある。この表情を比較することで、同じ深度の年縞が重複して回収できているかどうかをチェックすることができる。論理的にはきわめて単純であるが、その「表情」が、数メートル離れた地点でも同じように見える保証はなかった。また深度にねらいを定めるにあたって、地層が完全に水平であるかどうかなど、わからないことは

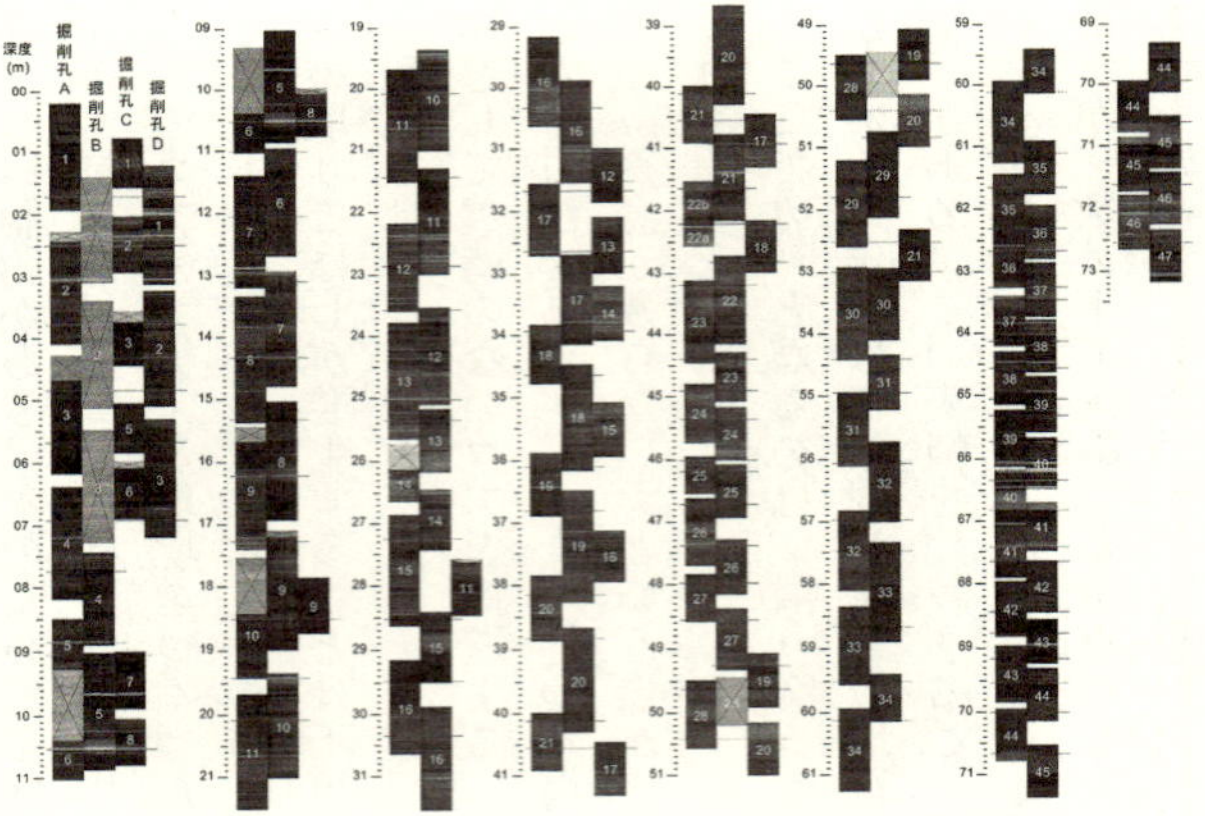

図 3-1 欠落のないコアの採取に成功！（Nakagawa et al. 2012 QSR）

無数にあった。

年縞コアを確実に重複させるには、隣り合う掘削孔どうしは近い方が好都合である。しかしあまりにも近すぎると、先の掘削によって乱れた年縞を回収してしまうリスクが大きくなる。どの程度の距離が最適であるかの経験則はなかったが、直感を頼りにおおむね5〜10メートル程度とした。じっさいに掘削を開始してみると、年縞の「表情」はかなりの距離をおいても連続しており、重複の確認は容易であることがわかった。

むしろ問題は、湖の水位が安定しないことだった。たとえば前日に雨が降れば、それだけで水面が数十センチメートルも上昇する場合があった。はじめのうちはそのことを認識していなかったため、ねらった深度の年縞が取れてこない場合が少なくなかった。問題が明らかになってからは、岸に置いたゲージで湖水位を観測しながら深度を補正するシステムに切り替えた。

年縞のサンプルは、直径8センチメートルほどのステンレス製パイプ(サンプラー)に入った状態で採取される。そのままでは中の様子を見ることができないため、コアがねらい通り重複しているかどうかもわからない。このため、上がってくるコアをその場でパイプから取り出して縦切りにし、断面に見える年縞の「表情」を観察する必要があった。当然、それなりの作業スペースが必要なのだが、なにしろ水月湖の周りは風光明媚な観光地であり、泥まみれの作業に使えるような施設はない。プレハブ小屋を建てようにも、予算はほとんど掘削に投入してしまって残っていない。私たちは地元の若狭町にお願いをして、町が所有している運動会用のテントを無償で貸していただき、それを観光駐車場の一角に建てることで作業スペースとした。掘削作業は7月1日から8月11日まで続いたのだが、メンバーは真夏のアスファルトの上で、暑さに耐えてよく働いてくれた(図3-2)。地質系の研究者は野外の作業に慣れているとはいえ、申し訳ないことをしたと今でも思っている。

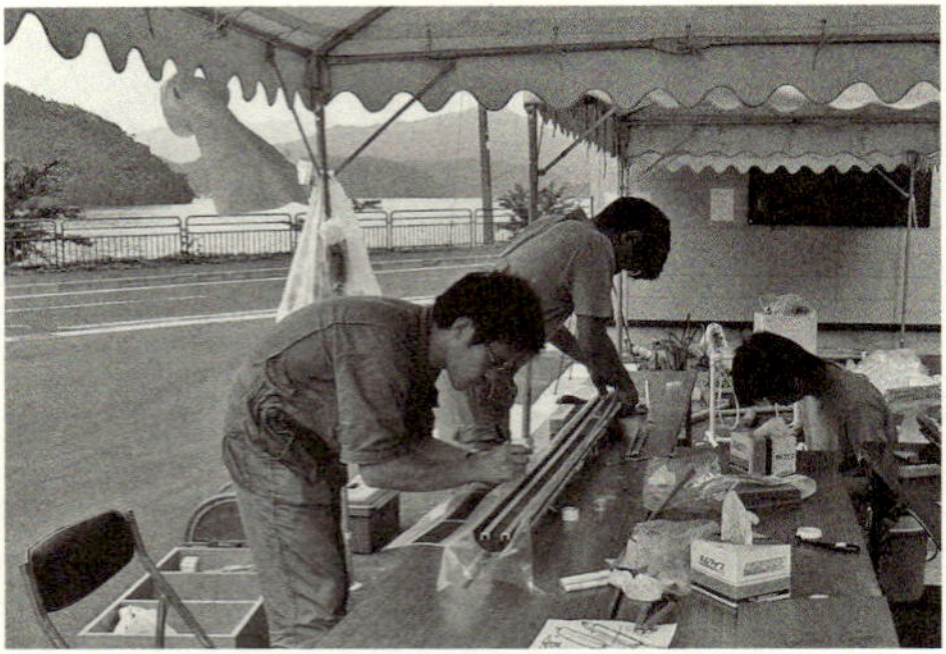
図 3-2　テントでの作業

年縞独特の難しさ

じつは、２００６年の1本目の掘削は回収率が非常に悪かった。とくに最近の7万年、年縞のある部分に限れば、回収できたのはわずか73・4パーセントにすぎない。SG93コアにも遠くおよばなかったことになる。これは主として、作業を効率化すると同時に、隣り合うコアどうしを確実に重複させるために採用した、長さ2メートルのサンプラーがうまく機能しなかったことが原因である。

パイプを2メートル一気に突き刺すこと自体は、じつはそれほど難しくない。問題はそれを地層の中から引き抜くことの方だった。細長いパイプを油圧で引き上げる作業は、ワインの栓を抜く作業に似ている。コルク栓が外れる瞬間に「ポン！」という音が出るのは、コルクが引き上げられることで瓶の中に陰圧が生じているからである。同じことがボーリングコアでも起きる。試料の詰まったパイプを引き抜く際に、その直下の空間が真空に近い状態になる。その空間を埋めようとして周囲の堆積物が流動し、年縞の美しい構造が乱されてしまうのである。

従来のように長さ1メートルのパイプを使っていれば、真空の影響もせいぜい数センチメートルから十数センチメートルで済んだだろう。だが2メートルのパイプを引き抜く際の真空の影響は、それとは比較にならないほど大きかったようだ。堆積物の乱れは、ときには1メートル以上にもおよんだ。そのようにいったん乱れてしまった堆積物は、研究のための試料としてはもはや使いものにならない。回収率を上げるための工夫が、完全に裏目に出てしまったのである。

そもそも大規模なプロジェクトを遂行するにあたって、それまで試されたことのない技術を核心部分に採用するのは、本来は賢明なことではない。だが先端を切り開こうとするサイエンスであれば、常にギャンブル的な要素を抱えているものである。賭けに負けたなら、問題をつぶしていくしかない。このときは、突き刺すパイプの外側に小さな金属の突起をつけることで、回収率を劇的に上げることに成功した。

パイプが地中に押し込まれていくとき、その突起が地層をひっかいて溝をつくる。ワインの瓶の口の部分に傷があって、内部が密閉されていない状態を想像してみてほしい。そのようなワインは飲むに堪えないほど酸化しているだけでなく、コルクを抜いてもあの「ポン！」という小気味よい音を立てないだろう。これと同じ原理で、突起がつくった溝の中を水が流れることで、パイプを引き抜く際の真空をほとんど解消することができた。たったそれだけのことなのだが、これによって2本目の回収率は80・5パーセントにまで改善した。1本目と合わせれば、この時点ですでに97・9パーセントに達しており、SG93の回収率を上回っている。なんとか、完全連続コアを手にする希望が見えてきた。

その後もいくつかのプロジェクトでお世話になり、いまではすっかり盟友になった西部試錐工業の北村社長は、ことあるごとに「年縞は難しい」という。真空の問題にしても、通常の堆積物であれば、そもそも問題の存在に気づくことすらなかったかもしれない。だが年縞堆積物の場合は、ごく軽微な堆積物のひび割れなどもすべて可視化されてしまう。人間の目は、細かいパターンの乱れに対しては残酷なほど敏感なのである。そしていちど乱れに気づいてしまうと、たとえそれが分析の妨げにならないと理性でわかっていたとしても、掘削が成功したときの達成感を得ることは難しい。水月湖の年縞は、なかなか私たちを褒めてはくれなかった。

最終的に、完全連続を達成するためには掘削を4回繰り返さなくてはならなかった。パイプを地中に差し込んだ回数は、合計で117回に達した。最後の1本がパイプから取り出され、暫定的に完全連続が確認されたのは、２００６年8月11日の午後7時10分のことである。ＳＧ06と名づけられた水月湖史上初の完全連続コアは、一時保管のために借りた漁協の冷蔵庫の片隅で、誇らしげに棚におさまっていた(図3-3)。

図 3-3　SG06 の年縞(上)と漁協の冷蔵庫に保管された SG06

7万枚の縞を数える

コアの連続性と縞数えの信頼性という、北川が直面した二つの問題のうち、最初の一つはこれで解消できた。残る問題は縞数えだった。コアの連続性は客観的に評価できるが、縞数えの信頼性はつまるところ主観の問題である。自分たち自身がまず結果に自信をもてるためにも、なるべく洗練された方法で年縞を数える必要があった。ひとりの研究者の限界は、北川がすでに示してくれていた。限界を超えて先に進むには、エキスパートを集めた国際チームをつくる以外にない。私はドイツとイギリスの研究機関に共同研究をもちかけた。

ドイツには年縞研究の長い歴史がある。とくにポツダム地質学研究所は、年縞研究において世界の中心だった。まったくの偶然なのだが、ポツダムの年縞研究グループのリーダーであるアヒム・ブラウアー博士とは、若いころに同じ研究室で机を並べたことがあった。私が大学院生として留学していたフランスのエクス・マルセイユ第三大学(現エクス・マルセイユ大学)に、ブラウアー博士がポスドクの研究員としてやって来て、半年ほど滞在したのである。ブラウアー博士がどれほど緻密な仕事をする研究者であるかは、そのときに見て知っていた。私は迷わずブラウアー博士に協力を依頼した。

じつはブラウアー博士からは、2006年の掘削がはじまる前から友人として多くの助言を得ていた。それどころか、掘削がはじまってから最初の1週間は、アドバイザーとして現地の水月湖畔に滞在してくださった。私には予算のゆとりがまったくなかったが、どうしても来てほしいと頼んだところ、研究所の予算が使えるから旅費は気にしなくてよいと言われた。こういうときの感謝の気持ちを、言葉で表現することは容易ではない。なんとしてもプロジェクトを成功させなくてはならない理由がまた一つできた。

掘削がはじまったとき、ドイツではサッカーのワールドカップが開催されていた。試合開始は日本時間の朝4時である。それでもブラウアー博士は、ドイツ代表の試合をすべてテレビ観戦し、翌日は朝から掘削を手伝ってくださった。この年、ドイツ代表はベスト4まで勝ち進み、準決勝でイタリアに敗れたものの、3位決定戦でふたたびポルトガルに勝利して開催国の面目を保った。ブラウアー博士は試合のたびに寝不足に苦しんだはずだが、「今日こそは負けてくれ」とは最後まで思わなかったそうである。愛国心と科学者としての責任の両方に対して、ブラウアー博士は最後まで誠実だった。

ブラウアー博士は、年縞を顕微鏡で数える技術の第一人者だった。顕微鏡観察をおこなうには、試料を光が通るほど薄くスライスしなくてはならない。だが、柔らかい土をフィルム状に加工することは容易ではない。ブラウアー博士の研究室では、年縞堆積物を凍結乾燥させた後、粘性の低い特殊な樹脂を染みこませて固めることで、硬いプラスチックのブロックにすることができた。硬ければ、専用の工具できれいな平面をつくり、ガラス板に貼りつけ、反対側を砥石で研いでいくことで、最後には数十マイクロメートルの薄さに加工できる。できたプレパラートを偏光フィルターにはさんで顕微鏡観察すると、季節ごとの縞が違う色に浮かび上がって見える(図3-4)。あとはひたすら数えるだけである。

1回に加工できるのは堆積物の厚さにして10センチメートルほどだが、それを10回繰り返せば1メートル、100回繰り返せば10メートルになる。ゴードン・シュロウト君という優秀な学生がこの役割に抜擢された。ゴードンは40メートル分の年縞を、4年の時間を費やしてすべて数えきった。しかも慎重を期すために、まったく同じ作業を少なくとも2回、場合によっては最大4回、コアの違う部分から取られた試料に対して繰り返している。作成したプレパラートの枚数は1000枚におよんだ。

後日提出されたゴードンの博士論文は、ポツダム地質学研究所でその年に審査された50本ちかい論文の中で、2番目に優秀であるとの評価を受けた。あれほどの仕事であっても1等賞をとれないポツダム地質学研究所とは、どれほど恐ろしい所かと思う。

新しい技術

これと並行して、イギリスでは蛍光X線スキャナという装置を用いて縞を数えた。物質にX線を照射すると、X線の一部は反対側に透過し、一部は物質に吸収される。透過X線を観察するのが通常のレントゲン撮影である。一方、X線を吸収した物質はいったん高エネルギー状態になり、次にそのエネルギーを放出するときに自らX線を出す。これが蛍光X線であり、その波長とエネルギーは物質の種類と量によって決まる。つまり、蛍光X線の波長とエネルギーの分布を見るこ

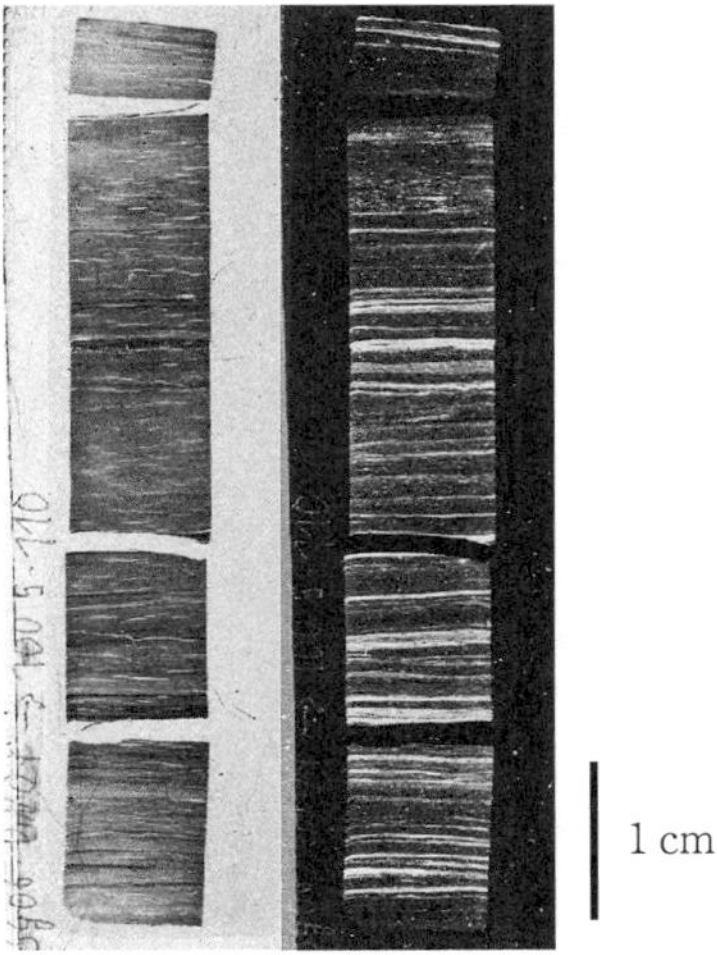

図3-4 年縞の薄片．右は偏光フィルターを通した

とで、試料に含まれる元素の組成が測定できる。蛍光X線スキャナはこうした分析を、試料の上に引かれた測線に沿って連続的におこなうための装置である。

ウェールズの西海岸に、アベリストウィスという小さな大学町がある。人口わずか1万5000人、日本でいえば軽井沢よりも小さな町なのだが、学期中は1万人を超える学生が集まって賑わいを見せる。アベリストウィス大学は伝統的に地理学がさかんで、イギリスの地理学・地質学を牽引する大物を何人も輩出している。ヘンリー・ラム博士はアベリストウィス大学の地理学教室に、最新式の蛍光X線スキャナを導入した張本人だった。

世界には、日本製のものを含めて何種類かの蛍光X線スキャナがある。その中でラム博士が選んだのが、スウェーデンのアイトラックスという会社がつくった装置だった。通常のX線スキャナは、試料の微細構造などを細かく分析するため、照射するX線ビームをなるべく細く絞り込もうとする。年縞の分析をする場合も、ビームがある程度は細くなければ、厚さ1ミリメートルにも満たない年縞を見分けることはできなくなってしまう。

一方で年縞は、細かく見れば堆積物粒子の集まりである。そのため、あまりにもビームを細くしすぎると、粒子の化学組成を1粒ずつ独立に測ることになってしまい、かえって全体としての構造はわかりにくくなる。テレビの画面を拡大鏡で観察しても、三原色の画素が見えるばかりで、肌の美しい陰影はむしろ見えにくくなるのと同じ理屈である。ビームが細い方が構造はよくわかるが、細すぎると何を見ているのかわからなくなる。バランスをどのあたりで取るかが大きな問題だった。

ラム博士の選んだ機械は、この点に見事な解決をもたらした。ビームを点で絞り込むことをやめて、細い線にしたのである。線の幅は0・1ミリメートル、長さは4ミリメートルだった。この方法でスキャンをすれば、年縞の厚さ方向の構造は0・1ミリメートルの細かさのまま分析できるが、横方向の構造は4ミリメートルの範囲で平均化される。つまり、時間軸に沿った情報の質は失われないが、空間軸に沿った多様性は平均化できるのである。私たちはこの装置を使い、水月湖の年縞堆積物の化学構造を0・06ミリメートル間隔ですべて分析した。

1点の分析には4秒しかかけなかったが、それでも0・06ミリメートル間隔の超高分解能で分析するとなると、1メートルの試料をスキャンするのに休みなしで25時間かかる。しかもゴードンと同様、すべての時代の土を少なくとも2回、多い時には4回スキャンしている。マイケル・マーシャル君というアベリストウィス大学の研究員が、装置をほとんど1年間占有してこの分析をやりとげた。

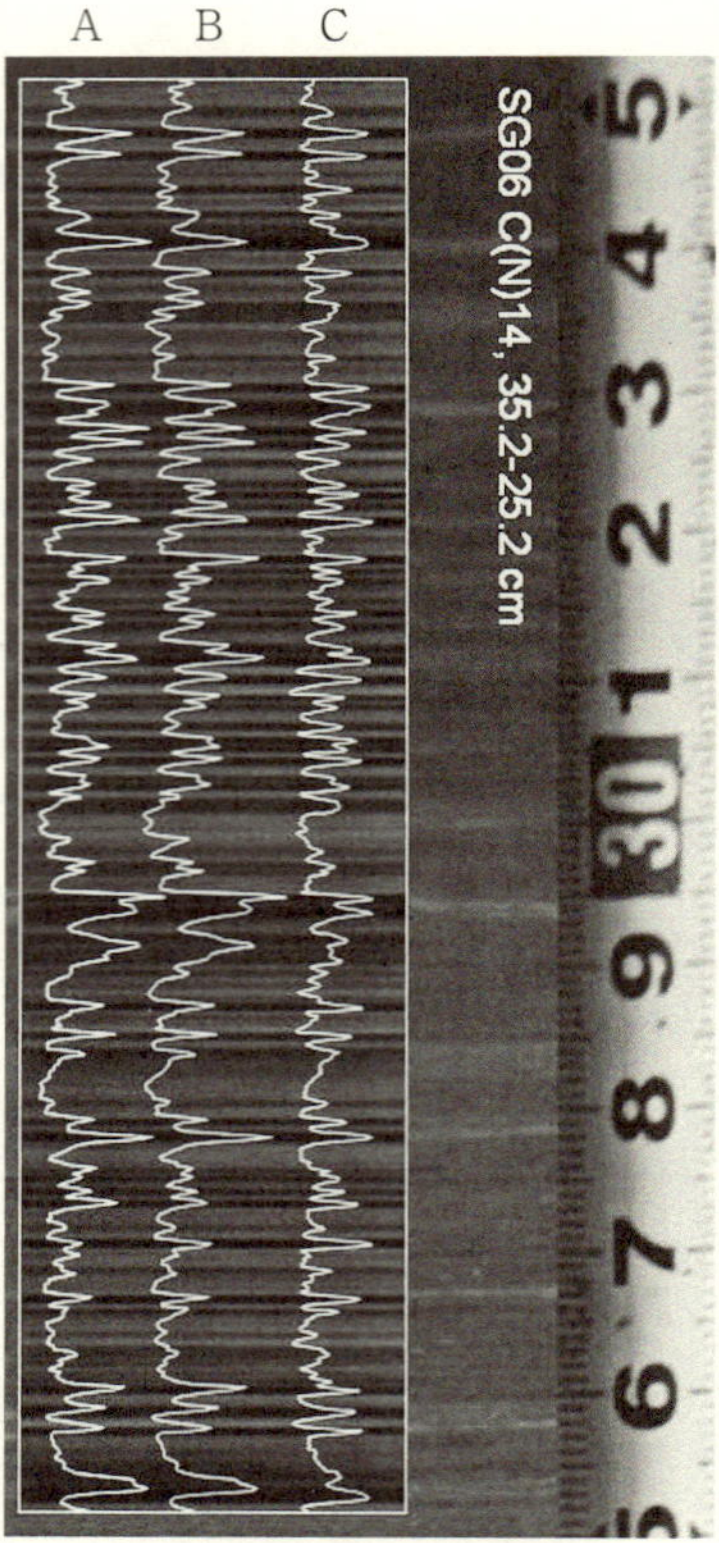

図 3-5　蛍光Ｘ線スキャナで測定した季節シグナル．きれいな１年ごとの周期が見える．Ａ：マンガンの含有量，Ｂ：鉄の含有量，Ｃ：密度

じつは、もっと大変だったのはその後である。スキャンが終わった段階では、大量の折れ線グラフが手に入っただけで、まだ縞数えにはなっていない。マイケルはその後の3年間で何百枚というグラフをすべて解析し、季節変化に対応する化学組成の変動を数え上げた(図3-5)。

ゴードンとマイケルのふたりは本当に優秀だった。しかし、ふたりの優秀な若手が共通の目的のために別々のアプローチで努力すれば、意見の対立や先取権争いが起こりそうなものである。じつはプロジェクトをはじめるとき、この点は一つの不安要素だった。

２００６年の秋から２００７年の春にかけて、私はポツダムのブラウアー博士とアベリストウィスのラム博士をそれぞれ訪問して、プロジェクトへの参加をお願いした。ブラウアー博士は旧知の友人だったが、ラム博士は初対面だった。こんなときの常道は、「あなたの協力がぜひとも必要で、それさえあればきっと大きな成果が出せる」といって口説くことであろう。だが私のメッセージはちがっていた。

北川の縞数えに対して投げかけられた疑念、それを今度こそ封じ込めるために、二つの方法を導入することは最初から心に決めていた。私は言った。

「あなたの協力はぜひとも必要だが、それだけでは世界も私たち自身も安心しない。そこで、二つの研究機関で独立に分析することを了承してほしい。どちらのアプローチがうまく行くかは、やってみるまでわからない。縞数えの結果が二通り存在することは許されないから、場合によっては、どちらか一方の結果だけを選択しなくてはならないこともあり得る。それでも協力してほしい」

世界レベルのエキスパートにもちかける話としては、およそ常軌を逸していたと思う。だがブラウアー博士もラム博士もまったく躊躇することなく「それで構わない、ぜひやろう」と言ってくださった。

「縞数えは縞数えだけで終わるものではない。分析の過程で必ずほかの面白い現象が見つかる。自分たちの独自性はそこで出せばいい。^{14}C年代のキャリブレーションモデルは絶対に必要だし、結果の比較にはむしろ興味がある。よろこんで協力させて欲しい」

ブラウアー博士とラム博士はこう約束して、見つかるかぎり最高の若手を水月湖担当として抜擢してくださった。それがゴードンとマイケルである。このふたりが本当に優秀だったことが、プロジェクトの命運のかなりの部分を決めた。

ふたりが縞数えに没頭した様子はすさまじかった。単に縞を数える作業をしただけではない。効率的かつ正確に数えるための工夫も積み重ねた。また、ふたりが数える枚数が常に一致するともかぎらなかった。1年分の縞がある「ような気がする」、けれども自信がもちきれないとき、ゴードンとマイケルはスカイプの国際電話で連絡を取り合い、相手の分析方法ではどう見えるかを確認した。後から記録を調べたところ、1日平均の通話回数は4・8回に達していたというから恐れ入る。ふたりの間に、固い信頼と友情が育っていった。

　ふたりの意見が常に一致するわけでもなかった。顕微鏡観察では、肉眼で認識できないものは検出できない。そのため一般論としては、マイケルが蛍光X線で認定する縞の枚数の方が、ゴードンが顕微鏡で数えた結果よりも多くなる傾向があった。だが多ければいいというものでもなく、蛍光X線スキャナは物質の濃度のピークは拾うが、粒子の並び方などの踏み込んだ情報は参考にすることができない。そのため、たとえば秋口に暑さがぶり返して、夏の層が1枚多く形成されてしまったようなときには、蛍光X線で数えた年数がじっさいの年数を超えてしまう可能性もあった。

　こうしたことを踏まえ、ふたりの意見が合わないときは無理に統一見解を求めるのではなく、食いちがいの情報を計数の誤差として積極的に活用することにした。樹木年輪のデータには年代の誤差がないが、それ以外のすべての年代測定手法は不可避的に誤差をもっている。たとえばグリーンランドの氷の年縞で1万年前といったとき、それは正確には1万プラスマイナス84年前を意味する。プラスマイナスの誤差がきちんと示されることは誠実さの証でもある。だが、まだ実績がなく評価も定まっていない若手研究者にとって、誤差をあえて強調することの精神的な敷居は高かったはずだ。ゴードンとマイケルのふたりが、自分たちの計数は本質的に完全でないばかりか、一致すらしない場合があるという事実を正面から受け入れたことは、彼らが本当の意味で最善を尽くしたことを間接的に証明している。

見えない年縞

プロジェクトをはじめたばかりのころ、私たちの研究グループの中にも、年縞は原理的に完璧であり、誤差は限りなく小さいということを強く期待する空気はあった。ゴードンとマイケルは、大人たちのこの幻想をまず打ち砕くことにエネルギーを使わなくてはならなかった。

じつは水月湖の年縞は、すべての時代にわたって圧倒的に良質なわけではない。美しいときは本当に美しいが、時代によってはかなりの枚数が不明瞭だったり乱れたりしている。ゴードンたちはこのことを客観的に示すため、時代によって層の厚さがどのように変わるかを調べていった。すると、年縞が明瞭な時代の層の厚さは平均0・6ないし0・7ミリメートル程度で安定しているが、年縞が明瞭でない時代には、認識できる層の厚さにいくつかのクラスが存在することがわかってきた。0・7ミリメートル前後の層がいちばん典型的であるが、その倍の1・4ミリメートルや、3倍の2・1ミリメートル前後の層も少なからず見られ、中間的な厚さの層は相対的にめずらしかった。つまり、層の厚さが飛び飛びの値をとったのである。

このことは、層の境目が時として1年分、あるいは2年分、見えなくなっていることを示していた。ゴードンは、このような証拠から年縞の欠落を客観的に判定して、自動的に補完するソフトウェアを書き、水月湖のデータに当てはめていった。「やや厚めの年縞」なのか、「薄い年縞が1年分欠落」しているのか、ソフトに判断できない場合もあった。そういうときには両方の可能性を留保しつつ、不確かさを誤差モデルに反映させた。Varve Interpolation Program（VIP、年縞内挿プログラム）と名づけられたそのソフトウェアは、いまでは無償で配布され、世界中の年縞研究者が自由に使用できるようになっている。

やや繰り返しになるが、年縞の研究者は多くの場合、自分の計数がいかに正確であるかを強調したがるものである。とくにキャリアの浅い若手だと、計数の不確かさはすなわち自分の未熟さであるように思えて、誤差を前面に出すことに抵抗を感じる場合が多い。しかしゴードンとマイケルは、それでも「ないものはない」と断言できるところまで徹底的に観察をおこなった。そのうえで、認定できる層の枚数がそのまま年数にはならないことを受け入れて、数学的な方法で問題を解決した。ふたりの若者がつくった年代目盛のどこを探しても、誇大広告はいっさい含まれていない。

1200枚の葉っぱを拾う

欠落のないコアは採取できた。縞数えも目処が立った。最後に必要なのは、葉っぱの化石の^{14}C年代測定である。北川はおよそ300枚の葉っぱの^{14}C年代を測定して世界を驚かせたが、それから10年以上の時間が流れている。しかも、北川は1本のコアのさらに半分しか分析に用いることができなかったのに対して、私たちの手元には複数の重複したコアがあった。私たちはどうしても、北川のデータセット以上のものを目指す必要があった。このために抜擢されたのが、イングランド出身の大学院生リチャード・スタッフ君である。

リチャードが私たちのところにやってくるまでには、若干の曲折があった。はじめはケンブリッジ大学で地理学を専攻していたのだが、在学中に地質学や古気候学に興味をもつようになった。そのため卒業後はケンブリッジに残らず、ロンドン大学ロイヤルホロウェイ校修士課程の第四紀学専攻コースに進んだ。

第四紀学とは人類が登場して以来の、地質学的には「最近」と表現される時代を専門にあつかう学問であり、水月湖の研究も基本的にはこのカテゴリに入る。ロンドン大学のロイヤルホロウェイ校は、第四紀学に特化した修士課程をもつイギリスで唯一の大学であり、そのレベルの高さは世界的に抜きん出ている。ロイヤルホロウェイ出身の第四紀学者は枚挙にいとまがないほどだし、オランダのエルゼビア社から2006年に刊行された『第四紀学辞典』(*Encyclopedia of Quaternary Science*)も、ロイヤルホロウェイのスタッフが中心となって編纂したものである。第四紀学に興味をもったリチャードが、進学先としてロイヤルホロウェイを選んだのは自然な流れだった。

そのリチャードに修士論文のテーマとして与えられたのが、カリアコ海盆の堆積物に含まれる火山灰の研究だった。当時リチャードの指導教官だったジョン・ロウ教授は、世界各地から得られる高品質の古気候データを精密に比較し、気候変動の原因を探ることを目的とした国際的な研究グループを主催しており、前出のヒューエンもそのメンバーだった。その縁でリチャードは、当時はＩｎｔＣａｌの主要な構成要素であり、その意味では世界でいちばん貴重といってもいい、カリアコ海盆の年縞堆積物を研究に用いることができたのである。

リチャードが研究に誠実に打ち込んだであろうことは想像に難くない。なにしろカリアコの年縞堆積物である。うまく行けば、早くも修士論文で世界の注目を集めることも夢ではない。だが、残念ながらカリアコ海盆は世界の主要な火山のどれからも遠かった。そのためリチャードがどれほど努力をしても、丁寧な分析をしても、火山灰らしきものはまったく検出されなかった。けっきょくリチャードはこのテーマに見切りをつけ、当初の予定とは違う不本意な論文を短期間で仕上げ、修士論文として大学に提出した。修士号はなんとか取得できたものの、論文の評価は低く、リチャード自身も研究に対する情熱を失いかけていた。

リチャードがオックスフォード大学の研究奨学金の公募を見つけたのは、ちょうどそんなときだった。公募の内容は、水月湖の^{14}C年代測定をテーマとして研究をおこなう博士課程の学生に対して、入学金と授業料、および生活費を支給するというもので、オックスフォード大学の考古学研究所が問い合わせ先になっていた。リチャードはこの研究奨学金に応募した。

余談だが、この奨学金には裏話がある。私はイギリスの資金で水月湖の掘削をおこなったが、予算はきわめて限られていた。そのため掘削には成功したものの、採取した年縞を分析するには、さらに予算を獲得する必要があった。掘削から1年後、私たちはイギリスとドイツの両方から資金を獲得することに成功し、ゴードンとマイケルもそれで雇用することができたのだが、リチャードが将来に迷っていた当時はまだ掘削の直後であり、プロジェクトは資金難に苦しんでいた。それでもオックスフォード大学で研究奨学金を用意することができたのは、オックスフォード大学の名門マートンカレッジの俊才、クリストファー・ブロンク・ラムジー教授の采配によるものだった。

掘削が終わった2006年の秋、私はボーリング試料の完全な写真と目録を持ってラムジー教授を訪ねた。そして、今度のコアであれば北川の挫折を克服できる可能性が高いこと、そのためにラムジー教授の協力がほしいことを説明した。ラムジー教授はプロジェクトの価値を即座に認め、すぐにオックスフォード大学を説得し、大学から独自の奨学金を引き出してくださった。非常に変則的ではあるが、イギリスの大学はそういう柔軟性と独立性をもっているのである。リチャードはこうして、カリアコ海盆と水月湖の年縞堆積物を両方とも分析したことのある、世界でただひとりの学生になった。

リチャードがその後の4年間をどう過ごしたかについて語るのに、それほど多くの字数は必要ない。ただピンセットと絵筆、特殊な形状のステンレスのプレート、それから蒸留水の入った瓶を駆使して1200枚以上の葉っぱを拾い上げ、^{14}C年代測定をおこなった。考え方によっては縞数え以上に単調な作業である。しかしリチャードはそれをやりとげた。もし最初にはじめたカリアコ海盆の仕事が順調だったなら、リチャードが水月湖プロジェクトのメンバーになることもなかっただろう。この点では、リチ私の方がヒューエンよりも少しだけ幸運だったかもしれない。

北川データの復活

現在の水月湖周辺に生えている常緑樹の葉っぱは厚くて丈夫だが、氷期に生えていた落葉樹の葉っぱは薄くてもろい。しかも、何万年もの時を経て分解が進んでいる。最近の暖かい時代については樹木年輪の連続データが手に入るから、水月湖のデータは必要ない。水月湖が真価を発揮するのは、年輪の届かない氷期においてこそである。リチャードは必然的に、氷期の崩壊寸前の葉っぱを中心に拾い上げることになった。コアの断面にきれいな葉っぱが見えても、それをつまみ上げることはしばしば非常に困難だった。なんとか葉脈だけは引っ張り上げることができても、それ以外の部分は絵筆で触れただけでバラバラに崩れ、流れていってしまったりした。

けっきょく拾い上げた1200枚以上の葉っぱのうち、測定に耐えるほどのサイズを確保できたのは515枚だけだった。少ない数ではもちろんないが、圧倒的な説得力をもつまでにはもう一つパンチがほしい。そこで私たちは、埋もれていたある宝物に目をつけた。ほかでもない北川データである。

そもそも北川データの問題は、コアの連続性と縞数えの信頼性が十分でなかったことのみであり、^{14}C年代そのものに大きな問題はなかった。それどころか北川の^{14}C年代は、現代の目で見ても再現性が非常に高い超一流のデータである。ならば、これを再利用しない手はない。

北川データに含まれる葉っぱは、1993年のSG93コアから採取されている。つまり、もともとSG93のどの位置にあったかはわかっている。SG93は不連続だったために、年代を正確に見積もることができなかった。しかし、葉っぱの見つかった場所が2006年の連続コア(SG06)のどの部分に相当するかがわかれば、出自がSG93であっても私たちのデータセットに含めることができる。問題は、SG93とSG06を精密に対比できるかどうかだった。

SG93が採取された当時、堆積物の記載はスケッチでおこなうのが常道だった。デジカメはまだ本格的に実用化されておらず、いわゆる銀塩写真はきわめて取り扱いが不便だった。また学問の「作法」として、いちど肉眼を通して人間の脳で「認識」し、その情報を手で書き記すことこそが学術的な「記載」の王道であり、それをしなくては、研究対象を本当の意味で理解することはできないとする風潮が強く残っていた。

記載を重視するこの考え方には合理的な面もある。漫然と撮った写真よりも、集中して書いた日記の方が鮮やかに思い出を伝える場合は少なくない。だが、相手はなにしろ年縞である。記載すべき情報は無限といって差し支えないほどに多い。出来事が多すぎるあまり「いろいろあった」でまとめられてしまった日記のように、SG93の記載も、かなりまとまった範囲が「細かい縞模様をもつ」の一言で総括されていたりした。それだけの情報を手がかりに、SG93とSG06をミリメートル単位で対比することは不可能である。

幸いだったのは、北川が縞数えに用いた試料の現物が、名古屋大学の北川研究室に保管されていたことだった。幅2センチメートル、厚さ1センチメートルの細い棒状の試料が、乾燥しないようにラップで厳重に梱包されていた。どんなに厚手のラップであっても多少は酸素を通すため、北川の試料も長い歳月の間に酸化して、変色が進んでしまっていた。だが、本来の縞模様はそれでも確認することができ、SG06との対比もなんとかなりそうだった。

2010年の春、リチャードは名古屋に2週間滞在し、保存されていたSG93をすべてチェックした。その結果、平均すると19・8センチメートルに1枚の高密度で、SG06と対応のつく層を見つけることに成功した。言い換えるなら、SG93から取り出した葉っぱに対して、SG06の精密な深度を割り振ることができた。これによって北川データは12年ぶりに復活し、私たちのデータに統合された(図3-6)。

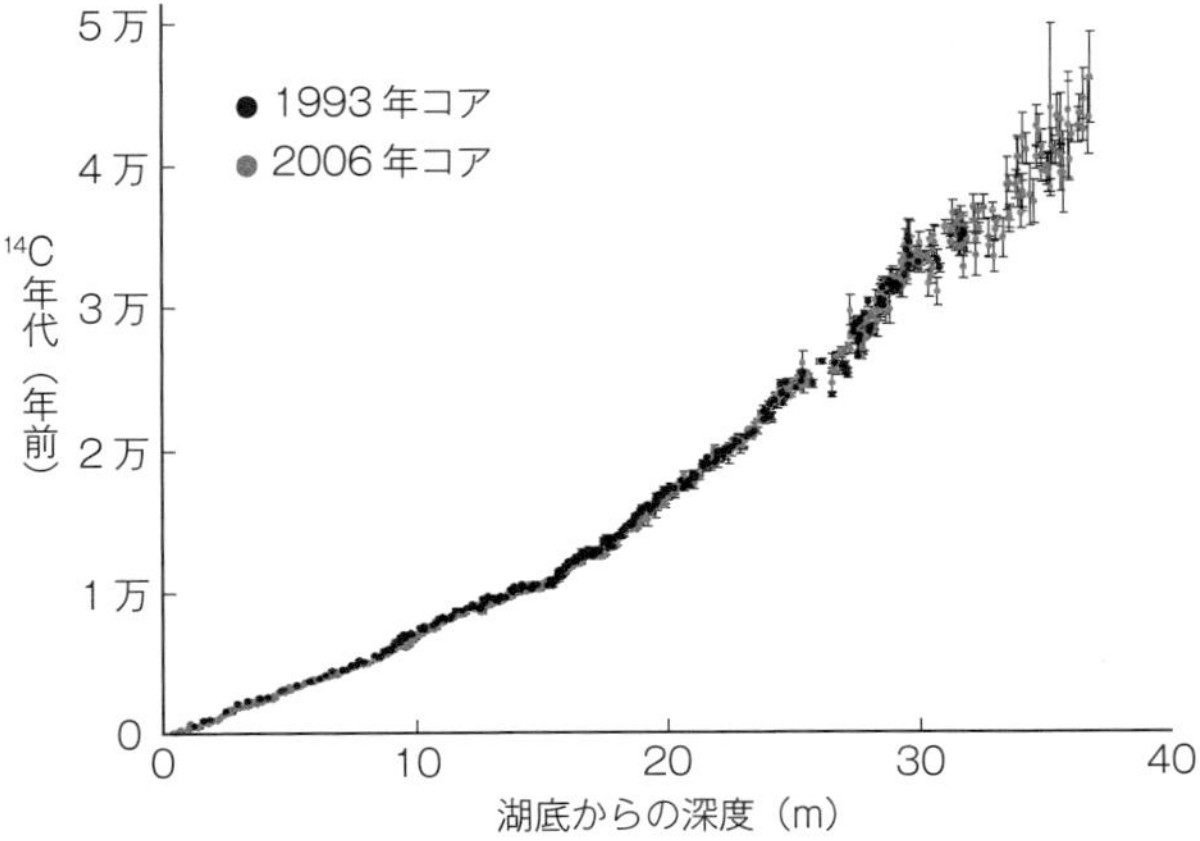

図3-6　水月湖底からの深度と^{14}C年代．北川データが私たちのデータに統合された

なお、ＳＧ93とＳＧ06を対応づけていく過程で、ＳＧ93の回収率がはじめて明らかになった。取りこぼされていたのは全体のおよそ6パーセントであり、およそ3パーセントとされていた当初の見積もりよりも、じっさいの回収率は低かったことが判明した。

従来の考え方では、たとえば10メートル掘削して合計9・7メートル分のコアが回収されていれば、欠落は3パーセントであると見積もられた。しかし重複した複数のコアを順番に並べていくと、10メートルの掘削孔から得られるコアの長さは、水月湖の場合ではおよそ10・3メートルになった。堆積物が地表に取り出されると、地下の土圧から解放されるために、コアが数パーセントも伸びていたのである。10・3メートルあるはずのコアが9・7メートルしかないなら、欠落は6パーセント近くになる。これは、若すぎると指摘された北川年代の誤差を説明するのに十分な数字だった。

逆にいうと、北川による縞数えの精度は、その後のゴードンとマイケルの努力によってもほとんど改善できないほど良好だったことになる。問題の本質は土の伸び率の方だった。たったこれだけのことがわかるまでに、1998年のヒューエンと北川のデッドヒートから数えて、12年もの時間が必要だった。科学の歩みとしては、信じられないほど遅い部類であろう。だが同じ結論にたどり着くために、もっと効率的な方法があっただろうかと考えてみても、とくに妙案は浮かばない。誰かが愚直な作業を積み上げるしかなかったと、いまでも思っている。

越えられなかった壁

こうして2011年の夏までには、縞の枚数にもとづく暦年代と、葉っぱの^{14}C年代の両方が私たちの手元にそろっていた。あとは両者を組み合わせて、^{14}C年代のキャリブレーションモデルをつくるだけである。だが、もう一つだけ解決されない問題が残っていた。縞数えの累積誤差である。

ゴードンとマイケルは、自分たちの縞数えの不確かさを隠さなかった。そのことは科学的には絶対に正しい態度であり、彼らが安易に見栄えのいい結果を出さなかったことは、いまでは私たちの誇りになっている。だが一方で、実用的な問題がなかったわけではない。ゴードンたちによれば、水月湖の縞数えの誤差は6パーセントであり、たとえば5万年前であれば、年代の不確かさはプラスマイナス3000年近くにも達していた。この誤差は、カリアコ海盆の年縞やサンゴが抱えていた深海由来の古い炭素の問題、いわゆるリザーバー効果に起因する誤差を上回っていた。

つまり、水月湖のデータを導入したとしても、得られるのは陸上のデータであるという事実、あるいは哲学的に「ピュア」であるという満足感だけであり、実質的にキャリブレーションを改善することはできない事態になってしまったのである。

累積誤差の問題は、じつはプロジェクトの開始当初から、心の片隅に不安材料として引っかかっていた。縞を数えることで成り立っている年代軸の代表に、グリーンランドの氷床のコアがある。グリーンランドには雪が厚さ3キロメートルも降り積もっており、自分の重さで押し固められて氷になっている。夏の雪と冬の雪では組成や結晶構造が微妙に異なることから、氷床とよばれるこの分厚い氷には、年縞と同じような1年1枚の縞模様がある。コペンハーゲンのニールス・ボーア研究所のグループは、この縞模様を6万枚以上も数え上げ、さらに氷の組成のわずかな変化まで調べ上げることで、過去の気候変動を詳細に復元した。水月湖のプロジェクトをはじめるにあたり、私はコペンハーゲンの専門家をイギリスに招待し、2日間にわたってノウハウの教授を受けた。その際に、相手が天然の縞模様であるかぎり、計数の誤差を3パーセント以下にするのはきわめて困難であることを聞かされていた。

けっきょく私たちも、縞数えの累積誤差の問題は克服できなかった。最終的に見積もられた水月湖の縞数えの誤差は、グリーンランドのそれよりもわずかに大きかった。水月湖は、私たちの挑戦を何度でも跳ね返そうとしているようだった。

最後の工夫

ここで活躍したのが、先述のリチャードの指導教官であるラムジー教授だった。ラムジー教授の出身は原子物理学である。その後、オックスフォード大学に年代測定用の加速器を導入する仕事にかかわり、いまでは考古学教室の年代測定ラボを率いている。業績は多岐にわたるが、とくにベイズ統計モデルとよばれる数学的な手法を用いて、^{14}C年代測定の誤差を劇的に小さくしたことで世界に名前を知られていた。その手法を実現するためにラムジー教授自身が開発したＯｘＣａｌ《オックスカル》とよばれるソフトウエアは、いまでは全世界で使われて、この分野の事実上のスタンダードになっている。

じつは、北川データが年輪データと決定的に矛盾することを証明したのも、このＯｘＣａｌを用いた検証の結果だった。そのときのＯｘＣａｌはまだ公開直前のプロトタイプであり、北川データはＯｘＣａｌがそれまでに扱ったどのデータよりも「桁ちがい」に大きかった。

ＯｘＣａｌによる北川データの検証実験をもちかけたとき、ラムジー教授の最初の予想は「データが大きすぎてＯｘＣａｌがハングアップする」というものだった。だが開発者よりユーザーの方が楽観的なのは、新しい手法においてはよくあることである。私は自分のノートパソコンにＯｘＣａｌをインストールし、ラムジー教授にコマンドを教わり、北川データと年輪データを比較する計算を実行した。

ベイズ統計モデルは、図形的なイメージはシンプルで美しいが、計算の回数は膨大になる。実行キーを押したあと、私はラムジー教授とパブでビールを楽しみ、レストランで食事をし、夜遅くにオックスフォード大学のゲストハウスにもどった。ノートパソコンはまだ計算を続けていた。単に時間がかかっているだけなのか、それともソフトが予期せぬ無限ループに入り込んでいるのか、その時点では判断がつかなかった。

だが翌朝になってみると、コンピュータはスリープモードに入っていた。スリープを解除すると、計算は無事に終了しており、結果は北川の年縞年代に修正が必要であることを示していた。ラムジー教授との強固な協力関係は、それから現在にいたるまで続いている。

そのOxCalを、今度はゴードンとマイケルの縞数えデータの検証に使った。樹木年輪は1万2550年前までしか届いていないから、5万年分のデータの検証には使えない。そこでラムジー教授が注目したのが、中国とバハマの鍾乳石だった。

年輪が届かない時代のピンチヒッターとして、最初に注目されたのはサンゴだった。だがサンゴには、海洋のリザーバー効果の問題があることはすでに述べた。次に脚光を浴びたのが年縞堆積物であり、ヒューエンと北川がその代表選手だった。鍾乳石は第三のピンチヒッターとして、2000年代の初頭に舞台に登場した。

鍾乳石は、鍾乳洞の中にしたたる水がつくる「水あか」の塊であり、主成分はサンゴと同様に炭酸カルシウムである。炭酸カルシウムは炭素を含んでいるため、^{14}Cによる年代測定が可能である。またサンゴと同じく微量のウランを含んでいることから、ウラン・トリウム法によって絶対年代を決定することができる。両者を組み合わせれば、キャリブレーション用のデータセットが完成する。1本の鍾乳石は何千年、ときには何万年もの時間をかけてゆっくりと成長するため、サンゴよりも連続的なデータが手に入りやすいという長所もある。

　だが鍾乳石のデータも、当初はＩｎｔＣａｌには組み入れられず、北川データと同様の参考資料的な位置に留め置かれた。それは鍾乳石にもサンゴと同様、古い炭素の混入という問題があったためである。

　鍾乳洞は石灰岩の中にできる。石灰岩の主成分は鍾乳石と同じ炭酸カルシウムだが、もともとは生物の殻や骨格が大昔の海底で堆積し、地殻変動で地上に上がったものである。すなわち、気が遠くなるほどに古い。鍾乳石には大気由来の二酸化炭素も含まれているが、石灰岩由来の古い炭素も大量に混入している。その割合は、サンゴに含まれる深海由来の炭素よりも多いほどである。しかも混入する量が、時代を通じて一定である保証はどこにもなかった。ＩｎｔＣａｌグループが慎重になるのは、その意味では当然ともいえた。

　転機は10年後にやってきた。カリフォルニア大学のグループが、1万6０００年前ごろと1万2０００年前ごろに起こった気候変動に注目、この時代の鍾乳石を詳細に分析し、年輪やサンゴなどほかのデータと比較した。その結果、鍾乳石に混入する石灰岩由来の炭素の割合は、気候の影響をそれほど受けず、予想よりもはるかに安定していることがわかった。一方、サンゴなど海の試料に取り込まれる古い炭素は、気候が変わるのと連動してじっさいに増減していた。この結果については2009年の秋ごろから噂が流れはじめ、2012年1月には正式な論文も発表された。

鍾乳石のデータは思ったより「使える」。そうわかった後のラムジー教授の反応は早かった。バハマと中国の鍾乳石のデータは、すでにネット上で公開されていた。ラムジー教授はこれを比較の対象として、水月湖データの誤差の検証をおこなった。

比較の対象が年輪であれば、絶対年代には誤差がないと仮定できるし、^{14}C年代も大気中の新鮮な炭素だけを反映している。その場合の計算はまだ比較的シンプルである。しかし鍾乳石の場合、絶対年代はウラン・トリウム法によって決定されるため、わずかではあるが誤差が伴う。また^{14}C年代には石灰岩の影響があり、これがどの程度の範囲に収まるかについて、何らかの仮定を設けなくてはならない。

あまり広い範囲を設定しすぎると、解がまともに定まらなくなる。かといってあまり狭くするのも、「石灰岩の影響は時代によって変動しない」と主張するのと同じことになり、楽観的すぎる仮定が導入されてしまう。ラムジー教授はさまざまな検討の結果、影響の下限をゼロ、上限を現在の観測値の200パーセントとした。前者は理論上の最小値であり、後者はほぼ非現実的に大きな見積もりである。さらに、上限と下限の間の確率分布に偏りをなくし、平坦な確率密度関数を導入した。これによって、上限と下限の間のどのあたりに真の値が「ありそう」であるかの主観を排除した。

複雑さを増した計算は、オックスフォード大学のサーバーを使ってもなお2週間以上を要した。結果は、ゴードンとマイケルの縞数えが鍾乳石の絶対年代と本質的に矛盾しないことを示していた。また鍾乳石のデータを制約条件として用いることで、水月湖の年縞年代の誤差を大幅に減らすことにも成功した。制約を強化した後の誤差は、1万年前でプラスマイナス29年、4万年前でプラスマイナス98年、もっとも苦手とする5万年前でも、まだプラスマイナス169年だった。これはゴードンとマイケルが「ある」と主張して決して譲らなかった元々の誤差に比べて、10分の1以下にまで改善している。これなら、^{14}C年代のキャリブレーションモデルとしても一級の品質である。

完成した年代目盛

もしゴードンとマイケルの縞数えが本質的に不正確で、大きすぎる誤差をもっていたとしたら、OxCalはいたる所に解を見つけてしまい、キャリブレーションモデルにも実用に耐えないほどの誤差がついたはずである。逆に、もしゴードンとマイケルが誤差を不当に小さく見積もっていたなら、計算の自由度が小さくなりすぎ、OxCalは多くの時代について解を見つけられなかった可能性が高い。ゴードンとマイケルがそのことを意図していたわけではもちろんないが、彼らが誠実につくった縞数えのデータは、結果として適度な「堅さ」と「しなやかさ」をあわせもっていた。

水月湖の年縞は、縞数えだけで絶対年代を絞り込めるほど上質ではなかった。しかし、適度に不完全だったために、かえってベイズ統計モデルの活躍する余地が生まれ、弱点を克服することができた。いろいろな紆余曲折が、一つの点に向けて急速に収斂していくのがわかった。

私たちは平均すると2年に3回のペースで、イギリス・ドイツ・日本のどこかに集まって、2日間の全体ミーティングをおこなっていた。最後のミーティングは、2012年の3月1日から2日にかけて、イギリスのニューカッスルで開催された。ニューカッスルは当時の私のホームグラウンドである。第1回の全体ミーティングが開かれたのもニューカッスルだったが、そのときはメンバー全員と面識があるのは私だけであり、懇親会の会話もそれほど弾みはしなかった。それから4年後、ミーティングがふたたびニューカッスルに帰ってきたとき、メンバーは全員が信頼で結ばれる仲間になっていた。

まず初日にラムジー教授から、計算手法の詳細について1時間にわたる説明があった。さらに翌日の話し合いで、ラムジー教授の計算結果を水月湖の年代目盛として採用することを、グループとして正式に決定した。「年代目盛をつくる」という私たちの目標が達成された瞬間である。２００６年の掘削から6年、１９９１年の最初の試掘から数えれば、じつに21年が経っていた。

それから現在にいたるまで、水月湖の年代目盛に変更や改訂は加えられていない。この年代目盛は、単に「較正年代」を意味する cal BP ではなく、SG06$_{2012}$ yr BP という新しい単位で表記することも決まった。SG06$_{2012}$ yr BP とは、「水月湖２００６年コアに基づいて２０１２年に定義された年代」の意味である。

縞数え年代の精度も、^{14}C年代の質も、それぞれの部分で北川データを大きく上回りはしなかった。だが、最初の掘削から最後の計算処理まで、細部にわたってつくり込まれたデータはやはり、それまでとはまったくちがう存在感に仕上がっていた。

ようやく、北川さんに見せられるものができた。

コラム　追憶の水月ヒルトン

あのときの調査の「貧しさ」について、もう少し掘り下げて書いてみることは、ひょっとすると面白いかもしれない。

２００６年6月21日、そのころ拠点にしていたニューカッスル大学が夏休みに入った翌日の飛行機に私は飛び乗り、人生を賭けた掘削のために日本に向かった。予算は可能なかぎり掘削のために使いたかったので、滞在費に回すことができたのは、日本円でおよそ50万円だけだった。それだけの予算で、およそ2カ月間の調査を乗りきる必要があった。

調査隊のメンバーは少ないときで４人、多いときで６人だった。この人数が民宿に泊まるとすれば、それだけで1日に数万円の出費になり、計画はたちまち破綻してしまう。私たちは必然的に、空き家を見つけて自炊生活を送ることを余儀なくされた。

今であれば、地元の福井県若狭町にも「空き家バンク」があり、インターネットで条件に合う物件を探すことができる。だが２００６年当時、インターネットは今ほど普及していない。地方自治体もまだ積極的な移住支援策を展開しておらず、空き家情報は組織的に集約されていなかった。そこで私たちは、地元の若狭町に依頼して、町の職員が個人的に把握している廃屋を紹介してもらうことにした。

紹介された物件は二つあった。最初に見せてもらったのは、何年も前に廃業したレストランだった。水道と下水はまだ機能しているはずとのことだったし、何より家賃が必要ないと言われたことは大きな魅力だった。しかしこの物件はいくら何でも、あまりにも、コンディションが悪かった。壁の板は朽ちかけていたし、窓ガラスが何枚も割れて、そこから室内にツタが侵入していた。屋外と屋内の生態系は途切れなく連続しており、すなわちその建物は、人間の生活空間を外界から区切るシェルターとしての本来の機能を、部分的に喪失しつつあった。

2件目に紹介されたのは、家というより小屋といった風情の小さな建物だった。その小屋の正体は、数年前に放棄された派出所だった。後になって知ったのだが、その派出所は放棄される直前に洪水被害に遭っていた。そのため壁紙の下の方には、洪水の水位を示す茶色い染みが横断していた。また畳はあちこちが朽ちて穴が空き、家中にカビの匂いが充満していた。

いっぽう、その小屋には肯定的な要素もあった。窓ガラスは1枚も割れていなかったし、網戸も、いくつかの穴をガムテープで塞げば機能しそうだった。建物の正面部分は派出所の面影を残しており、資材置き場として使うのに都合がよさそうだった。寝室に使える部屋は二つ、その他に居間とキッチンがあり、無理をすれば最大6人がなんとか生活できそうに思えた。そして驚くべきことに、二つの寝室それぞれにエアコンがついていた。

残った問題は予算だった。放棄された物件とはいえ、この小屋には正式な所有者があり、借りるには月額1万5000円、2カ月なら3万円の家賃が必要だった。これは貧しい調査隊にとって、決して小さい出費ではなかった。

だが、私はその3万円を払う決断をした。いくら無料であっても、ツタが進入した家に住むことは限度を越えていると思った。この派出所なら、大掃除をすればなんとかなる。非日常と割り切れば、愛着をもって暮らすことも不可能ではないかもしれない。私は調査隊の拠点となるこの建物に「水月ヒルトン」というニックネームをつけた。

水月ヒルトンの家財道具は、すべて知人や友人から借り集めた。ちょうど結婚して日の浅い友人が何人かいて、家に独身時代の炊飯器や冷蔵庫が余っていると申し出てくれた。また京都の研究者仲間も、余っている机や布団、電気製品などを提供してくれた。数が足りない分の布団は、地元若狭町の若狭三方縄文博物館から借りることができた（そのすこし前に東京から来ていた考古調査隊の置き土産だったらしい）。そうして調査がはじまるまでには、ほとんど費用をかけずに、最大6人が暮らせる環境を整えることができた。

掘削がはじまると、湖底から続々と堆積物試料が上がってくる。隣り合うサンプルどうしが欠落部分を補完しているかどうかをチェックするためには、試料をパイプから取り出して肉眼で観察する必要があった。また、空気に触れた状態の年縞はたちまち劣化が進行するため、すぐに試料の断面を写真に収めなくてはならなかった。各国の研究機関に試料を送るために、サンプルの分割と梱包をその場で終わらせる必要もあった。

泥まみれになるこれらの作業を、ヒルトンでおこなうことは現実的ではなかった。そこで私たちは、若狭町が運動会用に持っていたテントを無償で借りて、町営駐車場の片隅に設営し、仮設の作業場とした(**図3-2**)。7月から8月にかけての北陸は、フェーン現象でセ氏40度近い高温になることもめずらしくない。だが私たちは、その環境で最後まで作業をやりきった。

一つだけ、野外ではどうしても解消されない不都合があった。切り分けたサンプルを、私たちは市販のラップで梱包していた。ところが、この作業をていねいにおこなうために、無風の環境が必要だったのである。少しでも風が吹くと、ラップの端はすぐにめくれ上がり、思わぬところに貼り付いてしまった。霧吹きを使い、ラップをあらかじめ机に貼り付けておくことはそれなりに有効だったが、抜本的な解決のためには閉鎖された空間がどうしても必要だった。

建設機械のリースをしている地元の会社に連絡すると、コンテナ形の簡便なプレハブなら、すぐにでもクレーン車で運んで設置できるとの答えが返ってきた。ただし、ここでも費用が問題になった。提示された選択肢には、8畳でエアコン付きのタイプと、6畳でエアコンなしのタイプがあり、借料は前者が5万円で、後者が3万円だった。今だから言うが、私は心の底からエアコン付きのタイプを欲していた。だが、調査隊に2万円の差額を払う余裕はなかった。私は、「エアコンの風はラップを巻く作業の邪魔になる」というのを表向きの理由にして、エアコンなしのタイプを借りる書類にサインした。鉄の板で囲まれ、風を遮るために窓まで閉められた狭いプレハブは、テントよりもさらに劣悪な、最悪の作業環境になった。

人間なら、ある程度の炎天下であっても耐えることができる。だがサンプルはそうはいかない。撮影と分割の終わったサンプルは、速やかに低温保存する必要があった。通常の調査隊なら、リースの業務用冷蔵庫などを利用するのだろう。だが、水月湖から採取される堆積物の量は、合計で2トンにも達すると予想されていた。大型の冷蔵庫を何台も並べるだけの資金力を、当時の私はもっていなかった。

このときは、仲間の一人が地元の漁協と交渉して、魚を一時保管する冷蔵施設の一角に、2メートル四方のスペースを借りる話をまとめてくれた。借料は月額1万5000円だった。私は近くのホームセンターで、樹脂コーティングされた細めの鉄パイプを調達し、そのスペースにちょうど収まる棚を自作して試料置き場にした(図3-3)。

水月ヒルトン

苦労話はこれくらいにしておこう。2カ月近い作業を終えたあと、私たちは強い連帯感で結ばれ、そして疲れ切っていた。ボーリング作業が完了するのと、資金が底を突くのはほとんど同時だった。本当に瀬戸際のギャンブルだったと今でも思うが、調査の最終日に私たちが手にした試料は、最後まで埋めるのが困難だったサンプルの欠損部分をみごとに補完していた。こうして、後にSG06の名で世界に知られることになる2006年のボーリング試料は、水月湖から史上初めて採取された「完全連続」の年縞堆積物になった(図3-1)。

試料をイギリスに持って帰ったあと、私は国際チームを組織して、このボーリング試料を分析した。ようやく成果が出たのは、掘削から6年後の2012年のことだった。翌13年には、私たちが数え上げた水月湖の縞模様が、過去5万年の時を測るための世界標準目盛りに認定された。言い換えるなら、水月湖の底の泥が、地質時代の長さを定義するための「メートル原基」になったのである。

こうして水月湖は、地質学の巡礼地「レイク・スイゲツ」として世界にその名を知られることになった。ただ残念なことに、もう一つの巡礼地になるはずだった私たちの「水月ヒルトン」は、調査が終わった年の冬に取り壊されてしまって、今では一部の人の記憶の中にしか残っていない。

4　世界中の時計を合わせる

ポーラ・ライマーの挑戦

ＩｎｔＣａｌの改訂を議論する時期が来ていた。

前回の改訂は２００９年であり、主眼はカリアコ海盆のデータが一気に５万年前まで伸びたことだった。５万年前は、^{14}C年代測定という手法の事実上の限界である。キャリブレーションモデルが５万年前に届いたことで、すべての^{14}C年代は較正が可能になった。同時に、４万５０００年の長さを誇った北川データは、唯一最長のキャリブレーションモデルとしての座を10年ぶりに明け渡した。カリアコ海盆の全盛期だった。

カリアコのデータに深海由来の古い炭素の影響、いわゆるリザーバー効果があるという問題は解決していなかったが、５万年分のキャリブレーションがとにかく完成したことは画期的だった。学界の一部には、これ以上の改訂はしばらく不要なのではないかという空気まで流れはじめていた。

もともと、尺度の統一を目指して提案されたＩｎｔＣａｌである。だがこの時点で、ＩｎｔＣａｌ98、ＩｎｔＣａｌ04、ＩｎｔＣａｌ09と、三つものバージョンが存在していた。研究の進展に伴って較正の精度が向上したことが、11年間で2回のアップデートがおこなわれた理由であり、その動機づけはまったく健全なものだった。だが、新たな問題も発生していた。同じ^{14}C年代であっても、使用するＩｎｔＣａｌのバージョンによって較正の結果が微妙に異なる事態が発生しはじめたのである。言い換えるなら、年代の単純な比較が不可能になってしまった。キャリブレーションの結果は単にcal BPと表記されるため、報告される年代を見ただけでは、どのＩｎｔＣａｌによって計算されたものかもわからない。研究者たちは、キャリブレーションモデルが複数存在することの弊害を感じはじめていた。

一方、ＩｎｔＣａｌグループを率いるポーラ・ライマー教授（55ページ）には変わらない夢があった。本当に信頼できるキャリブレーションを手に入れるという、^{14}C年代測定にとっての究極の目標である。カリアコのデータは確かに5万年前まで伸びたが、リザーバー効果が時代によらず不変であるとする仮定には根拠がない。ならば、より正確な時計を目指す努力を続けなくてはならない。目標に至る過程で複数のバージョンができてしまうのは生みの苦しみであって、そこを通り抜けて先に進む決意がなくては、本当に緻密なサイエンスを構築することはできない。キャリブレーションの更新に対する慎重論は、ライマー教授の目には勇気と決意に欠ける不誠実な態度に見えた。問題は、どうやって慎重派を説得するかだった。

より厳密な定義

年代測定のキャリブレーションモデルを整備することは、長い時間を測るための正確な目盛をつくることと同義である。より正確な目盛には、いったいどんな意義があるのだろう。

時間ではなく長さを例にとれば、話は直感的にわかりやすくなるかもしれない。現在、世界でもっとも広く用いられている長さの単位はメートルである。メートル法はフランス革命の翌年に、新しい世界を象徴する普遍的な単位として提案された。

当時の世界では、政治的にもっとも中立な長さの基準は地球そのものだった。西暦1791年にメートル法が制定されたとき、1メートルは地球の北極と赤道を結ぶ長さの1000万分の1として定義された。だが子午線の長さを測定するのは、当時としては大事業であるうえに、精度の検証も容易ではない。科学技術が発達するにつれて、地球の子午線よりも参照しやすく、かつ厳密な定義が必要になっていった。

西暦1888年、1メートルをより近代的に定義するために、白金を主体とする合金製の棒が作成された。メートル原器とよばれるその棒の、両端に刻まれた細い線の間の距離が新たに1メートルの定義とされ、これによって地球の全周は正確に4万キロメートルではなくなった。メートル原器は人類が共有する宝として、パリのセーヌ川の左岸にある国際度量衡局(Bureau international des poids et mesures: BIPM)の地下の、温度と湿度を一定に保った金庫で厳重に保管された。メートル原器がその後の70年間、近代科学と工業文明の根幹を支え続けたことは、あらためて説明するまでもないだろう。

だが、どんなに注意深く保管されていたとしても、それが金属の棒、すなわちモノであるかぎり劣化は避けられない。度量衡は原器の寿命を越えて普遍的でなくてはならない。そのため、1960年にふたたび1メートルの再定義がおこなわれ、時間によって変質しない物理量が基準として採用された。メートル原器に取って換わったのは、真空中のクリプトンレーザーの波長だった。なお、この定義も1983年に改訂され、現在では、より普遍的な物理量である光速と、セシウム原子の振動数が1メートルの定義を担っている。

1メートルの定義が白金の棒からレーザーの波長や光速に変わったことで、誰にどのような影響があったのだろう。

子午線の長さで最初に定義された1メートルの誤差は、およそ0・2ミリメートルだった。メートル法普及のために原器のようなものもつくられたが、初期の原器はそれほど厳密に管理されてはおらず、パリの街中では誰もが触れることのできる状態だった。ちなみに現在では、1メートルの定義上の誤差はおよそ1000万分の1ミリメートルにまで減っている。200年におよぶ科学技術の進歩がそれだけの精度を必要としたともいえるし、逆に科学の進歩がそれだけ厳密な定義を可能にしたともいえる。現代の科学技術は、18世紀末の人びとがおそらく予想しなかったほど遠い地平に到達している。

世界中で、ものさしを使わない人はおそらくいない。度量衡とはそれほど普遍的なものである。正確なものさしが何の役に立つのかと聞かれても、用途が普遍的でありすぎるために、かえって端的に答えることは難しい。少なくとも、風邪薬が何の役に立つかと同列に議論することはできない。だが世界の誰かひとりが、科学技術の限界をもう一歩先に進めようとするとき、正確な度量衡は人知れず手助けをしている。より厳密な定義を求める努力は、すなわち人類の限界を広げる努力であり、限界を広げようとする態度に価値を認めるかどうかは、文明の品格そのものに直接かかわっている。

そして同じことは、長さだけでなく重さにも、さらには時間にも当てはまる。北川浩之もポーラ・ライマー教授も、そのことをよく知っていた。

地質年代学の歩み

地質学や考古学の議論の質は、しばしば年代決定の質に規定されている。たとえば氷期の終わりは、人類がこれまでに経験した最大級の気候変動である。まだ^{14}C年代測定自体が新しい技術であり、^{14}C年代のキャリブレーションもおこなわれていなかった1970年代には、氷期が終わったのは「およそ1万年前」であるとされていた。時代の目盛は1000年刻みでしか与えられておらず、1万年という数字もある種の目安のようなものにすぎなかった。それでも当時としては画期的な発見であり、私自身を含めて多くの研究者が、この年代を使って気候変動の議論をおこなった。

その後の40年で、古気候学や地質年代学は長足の進歩を遂げることになる。2009年には、グリーンランドの氷床の年縞を用いた新しい定義が導入された。それによると、氷期が終わって暖かい時代が到来したのは、いまから1万1650年プラスマイナス99年前のことだった。現代では、水月湖の年代目盛を使うことで誤差はプラス

図4-1　パリ6区のヴォージラール通りに現存する標準尺

マイナス34年にまで縮小している。1万年にとってのプラスマイナス34年は、1日に直すとおよそ5分弱である。この精度はもちろん、現代のクォーツ時計や原子時計にはかなわない。しかし、一昔前の振り子時計程度にはなっている。地質学の時間が、時計の精度を視野に入れはじめた。これは控えめに言っても、地質学のパラダイムを切り替えるほどの進歩である。

もちろん逆の言い方をすることもできる。1万1650年にとってのプラスマイナス34年は、1メートルに置き換えるならプラスマイナス3ミリメートルに相当する。これは、18世紀の末にパリの街角に設置された、大らかだった時代の大理石製標準尺の精度にすら達していない（**図4-1**）。地質時代を定義することがそれほど困難なのだということもできるし、地質学がメートル法の後ろを200年遅れて追いかけているということもできる。

もちろん、究極の目標はプラスマイナス0年である。水月湖も将来的には別の定義にその座を譲り、歴史の単なる一里塚だったと見なされる日が来るだろう。

繰り返しになるが、現在のところ、プラスマイナス0年の境地に達しているのは年輪年代学だけである。もっというなら、年輪年代学ですら月や週の精度には達しておらず、その意味で現代のメートル法がたどり着いた境地はすさまじい。現代の1メートルの定義に与えられている誤差を1万年の時間に置き換えても、プラスマイナス30秒ほどにしかならない。いつか地質学が、それほどの精度と自負を手に入れる日が来るのであれば、私はそれを自分の目で見てみたいと思う。

成果を論文にまとめる

話を2012年当時の水月湖とIntCalに戻そう。

IntCalは原則として、論文の形で公表されたデータのみを採用する。これは過剰な冒険を避け、データの質を保証するための方法としてはきわめて健全である。IntCalを承認するのは世界放射性炭素会議であり、次の開催は2012年の7月に予定されていた。これを逃すと、次にIntCalが更新されるのは早くても4〜5年後になってしまう。私たちとライマー教授は連絡を取り合っており、水月湖のデータが次の会議の重要な議題になることは確実だった。しかし、提案が会議で承認される保証はない。ＩｎｔＣａｌの更新自体を不要だとする論調は根強く、水月湖データが正式な論文になっていなければ、ライマー教授をより難しい立場に立たせてしまうことは容易に予想できた。そうならないために、できれば２０１２年の夏の会議までには、水月湖のデータを公表しておきたかった。

当初の予定では、水月湖の年代目盛は２０１１年の1月までに完成させ、同じ年の秋までには公表できるはずだった。つまり、作業が２０１２年にずれ込んだ時点で、予定は1年以上も遅れていたことになる。主な理由は、水月湖の年縞の質が部分的に当初の想定よりも悪く、計数そのものにも、内挿プログラムの開発にも手間取ったことである。このことはＩｎｔＣａｌグループの活動にも影を落としており、この時点ではまだＩｎｔＣａｌ12と仮称されていた新しいキャリブレーションモデルも、ＩｎｔＣａｌ13に呼称変更される可能性が濃厚になりつつあった。それまでは、時間と労力の投入を惜しまないことをモットーにやってきた私たちのプロジェクトだったが、最後の段階になってじわじわと時間に追われはじめた。

２０１２年の3月に、最終ミーティングで年代目盛の詳細を決定した後、ラムジー教授はすぐに論文の執筆に着手した。それでもデータをもう一度すべてチェックし直し、計算にまちがいがないことを確認し、さらに従来の目盛の問題点なども分析するために、ある程度の時間が必要だった。初稿を添付したメールがはじめてメンバーに送られたのは、記録によればイギリス時間の6月11日深夜だったようである。

ラムジー教授はイギリス貴族の血を引き、非常に美しい英語を身につけている。論理的思考に長けていることはいうまでもない。このときの初稿の完成度も、すでに目を見張るほど高かった。だが、全世界が標準尺として参照するデータを世に送り出す論文である。より万全を期すために、多くのメンバーから修正意見が出され、原稿はそこからさらに練り上げられていった。完成した原稿は、6月27日の夕方に投稿された。北川以来の伝統を踏襲して、投稿先には「サイエンス」誌を選んだ。余談だが、最終的に「サイエンス」に掲載された論文を見ると、投稿の受付は6月28日となっている。おそらく、投稿ボタンが押されてから編集者がそれを確認するまで、1日程度の遅延があったのだろう。

水月湖のほとりで

ＩｎｔＣａｌの更新に向けて準備が進められていた。

ラムジー教授の論文がいよいよ投稿されたこと、言い換えるなら水月湖の年代目盛が最終版として確定したことは、ニュースとしてたちまちＩｎｔＣａｌグループに伝わった。論文投稿からおよそ1週間後の7月6日、北アイルランドのベルファストでＩｎｔＣａｌグループの会合が開かれた。ラムジー教授はここで水月湖データの紹介をおこない、続いてグループ代表のライマー教授が、水月湖データをＩｎｔＣａｌの主要な構成要素として採用する提案をおこなった。ＩｎｔＣａｌグループは全会一致でライマー教授の提案を支持した。あとは、いよいよ世界放射性炭素会議の総会にはかるだけになった。

この年の世界放射性炭素会議は、7月の9日から13日にかけて、セーヌ川左岸のパリ7区にあるユネスコ本部で開催された。セーヌ川の左岸はメートル原器の故郷でもある。この会議に、ライマー教授をはじめとするＩｎｔＣａｌグループの面々、水月湖グループからはラムジー教授と、学位を取ったばかりのリチャード、そして全世界から放射性炭素研究の精鋭たちが集まった。会議の大半は、通常の研究発表にあてられた。ラムジー教授は、会議4日目の7月12日に水月湖データの概要を発表した。水月湖の年代目盛が、広く世界に紹介された瞬間である。

この時点で、「サイエンス」に投稿した論文はまだ受理されていなかった。それどころか、水月湖のＳＧ06を用いた研究成果自体が、まだほとんど発表されていなかった。私たちが水月湖の新しいコアを分析しているという噂は、すでに学界では知られるようになっていた。だがその具体的な内容は、グループの外部にはほとんど伝えられていなかったのである。そのような事情で、ラムジー教授がこのとき発表した完成形のデータは、大半の出席者にとって初めて目にするものだった。データが圧倒的であることは誰の目にも、改訂に反対する人たちにとってさえも明らかだった。

そして評決の時がきた。会議の最終日、世界放射性炭素会議の総会が招集され、ライマー教授にスピーチの機会が与えられた。ライマー教授は、今回のＩｎｔＣａｌはそれまでのＩｎｔＣａｌとは別次元の高品質なものであること、水月湖の新しいデータが決定的な役割を果たしたこと、更新には弊害もあるが、学会として理想を追求するべきであることなどを簡潔に、しかし情熱的に語った。スピーチが終わると、挙手による採決がおこなわれた。総会は、水月湖のデータを中心にＩｎｔＣａｌを更新することを支持した。北川データがＩｎｔＣａｌ98の選に外れてから、14年目の復活劇だった。

じつは、私はこのニュースを水月湖のほとりで受け取った。東京大学の多田隆治教授のグループが水月湖を再掘削することになり、私は6月末からアドバイザーとして現地に滞在していたのである。日本時間の２０１２年7月14日早朝、観光船乗り場の片隅にある宿の2階で私は目を覚ました。横になったままでメールをチェックすると、そこにラムジー教授からの短いメッセージが届いていた。また暑い1日がはじまろうとしていた。その日がちょうどフランスの革命記念日だったことには、しばらく後になってから気づいた。

ついに「標準時計」に！

その後の出来事は、もはや私たちの手を離れたところで進行した。「サイエンス」に投稿した論文が受理されたのは8月22日であり、掲載はそのおよそ2カ月後だった。その際に、「サイエンス」の編集部が異例の記者会見を開催したことはプロローグで述べた通りである。年縞は一夜にして注目のキーワードになり、レイク・スイゲツは地質学の巡礼地の一つになった。

ＩｎｔＣａｌグループの作業も本格化していた。新しい年代目盛は、当初はＩｎｔＣａｌ12として発表される予定だったが、けっきょく1年遅れてＩｎｔＣａｌ13になった。その間にデータの慎重な取捨選択と、選ばれたデータを統合するための数学的アルゴリズムの改良がおこなわれた。ＩｎｔＣａｌは伝統的に、専門誌「ラジオカーボン」の特集号で公表される。ＩｎｔＣａｌ13の特集号は、オンライン版が２０１３

年の9月23日に、紙媒体の雑誌版が12月1日に発行された。

ＩｎｔＣａｌ13を用いてじっさいに^{14}C年代較正をおこなうための数値データも、オンライン版と同時にリリースされた。年代較正ソフトウェアに導入するためのデータファイルも整備された。これにより、世界中の研究者がＩｎｔＣａｌ13の年代目盛を自由に使用できるようになった。現在では、ＩｎｔＣａｌ13で較正しない^{14}C年代は陳腐化しているといってよい。

ＩｎｔＣａｌ13は、現代から1万3900年前までが樹木年輪にもとづいており、それより古い時代が年縞や鍾乳石などの組み合わせで成り立っている。年輪が届かない時代について、水月湖から採用されたデータの数は510点であり、これはＩｎｔＣａｌ13の構成要素の中で抜きん出て多い。「ラジオカーボン」はこのことを記念して、ＩｎｔＣａｌ13の特集号の表紙に日本風のデザインを採用してくれた(図4-2)。

余談であるが、かつては印刷されたものを図書館で閲覧するのが普通だった学術論文も、いまではｐｄｆなどで電子的にやりとりするのが一般的になっている。きわめて便利な方法であるが、発行元のウェブサイトから論文をダウンロードする場合には、数ドルないし十数ドル程度を課金される場合が多い。音楽ソフトの販売などと基本的には同じ方法である。

だが、図書館に行けば無料だった論文の閲覧に、新たに料金がかかるようになるのは心理的な敷居が高い。そこで、著者があらかじめ発行元に規定の料金を払い、発行元の利益を保証することで、ダウンロードを無料にする制度が急速に普及した。オープンアクセスとよばれる新しい手法だが、ライマー教授はＩｎｔＣａｌ13の特集号を丸ごと1冊オープンアクセスにすることを望んだ。

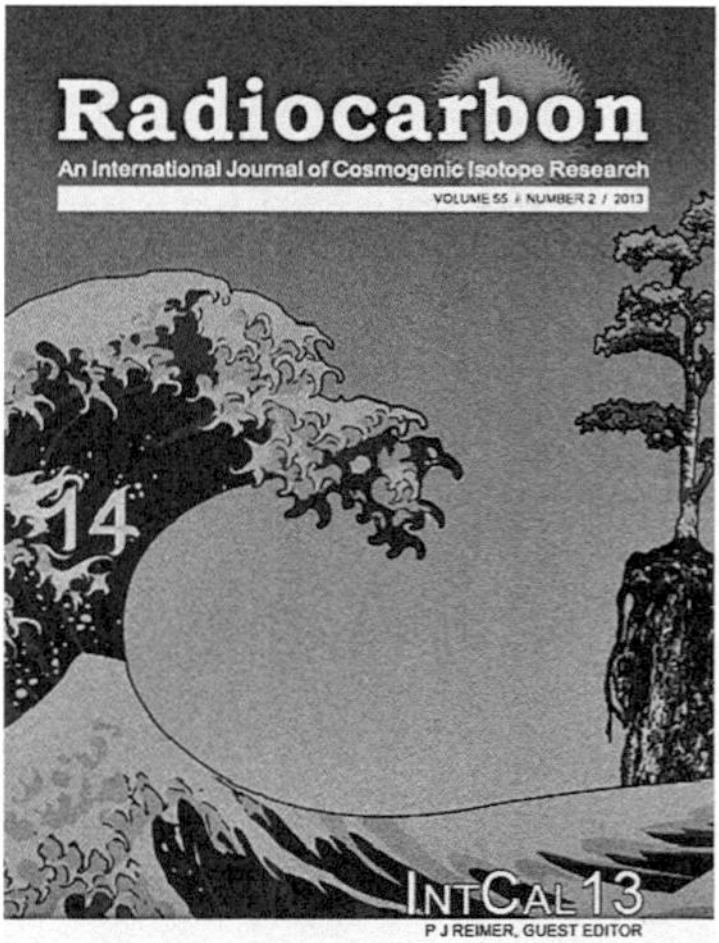

図4–2　「ラジオカーボン」誌2013年IntCal 13特集号の表紙

ＩｎｔＣａｌ13の特集号に掲載された論文は、全部で12編である。これをすべてオープンアクセスにするために、発行元から提示された金額は1万ドル(当時のレートでおよそ100万円)だった。相場よりはかなり安く抑えられているが、それでもＩｎｔＣａｌグループには支払うことのできない金額だった。悩んだライマー教授は、ＩｎｔＣａｌグループのウェブページ上に寄付サイトを設け、支援を呼びかけた。

　時間の定義は普遍的でなくてはならず、そのためには全世界が自由にアクセスできなくてはならない。かつて革命後のパリの街角に設置された大理石の標準尺は、誰でも手に触れることができたために、メートル法の普及に大きく寄与した（図4-1）。それと同じしくみがＩｎｔＣａｌ13にも求められていた。ライマー教授の最後の戦いだった。

　はじめて寄付サイトを目にしたとき、私は半信半疑だったことを告白しなくてはならない。ＩｎｔＣａｌ13の意義も、それを無料にすることの意義も、専門家にとっては明白である。だが、そのためにたとえば１０００円を寄付する人が、世界中に１０００人もいるだろうか。もし賭けろと言われたなら、このときの私は寄付キャンペーンが失敗する方に賭けただろう。

　だが私の心配は完全に杞憂に終わった。ライマー教授の寄付サイトが、1万ドル達成を報告するメッセージに置き換えられたのは、開設からわずか数カ月後のことだった。平均すると毎日1万円近くを集めたことになり、これは^{14}C年代測定のコミュニティがそれほど大きくないことを考えれば驚愕に値する。ＩｎｔＣａｌ13は歓迎されていた。ある意味ではこれが、私たちがもっとも「報われた」と思った瞬間だったかもしれない。

歴史の教科書を書き換える?

ＩｎｔＣａｌ13が公表された後、多くのマスコミの方に、「ＩｎｔＣａｌ13によってどのような大発見がもたらされたか」と聞かれた。なるべく大きな意義を報道しようとするのは当然のことであり、聞く側の気持ちは完全に理解できる。だが、私は答えに窮することが多かった。それ以前のＩｎｔＣａｌも、研究者の膨大な努力の上に成り立っていることに変わりはなく、すでにかなりの精度を達成している。石器の年代が数百年動いたというような事例もないわけではないが、それはどちらかといえば例外であり、ＩｎｔＣａｌ13による較正の結果はほとんどの場合、それ以前のＩｎｔＣａｌと大きくは変わらない。普通の文具店で買い求めた定規で測った長さが、レーザーを用いた最新の装置による測定と比べて、数値自体に大差はないことと似ている。違うのは値そのものではなく、その精度あるいは安心感である。

カリアコ海盆やサンゴなど、海のデータを根拠とする従来のＩｎｔＣａｌ年代には、深海の炭素の影響が正確に見積もれないことから来る数百年以上の不確かさがあった。水月湖を中心とするＩｎｔＣａｌ13では、この要素がほぼ完全に払拭された。このことの意義は、おそらく今後の地球史研究の中で遺憾なく発揮されていくだろう。歴史の教科書が書き換えられるかどうかはわからない。しかし教科書の信頼性は確実に向上する。これは、やはり意味のあることだと思う。

正確な測定が本領を発揮するのは、測定値の比較においてである。いま私の手元に金属の棒があるとする。これを普通の定規で測ってみると、長さはおよそ10センチメートルであることがわかる。一方、イギリスにいるリチャードの手元にも同じような棒がある。電話で問い合わせると、やはりおよそ10センチメートルであるという。測定に用いたのは、イギリス製の普通の定規である。

私の棒とリチャードの棒は、おおむね同じ長さであることがわかった。しかしもっと厳密に、たとえばマイクロメートル単位で見たときにはどちらが長いのだろう。正確な比較のためには、もっと精密な装置を使う必要がある。

時代についても同じことが言える。太平洋の気候変動と大西洋の気候変動が、どちらもおよそ1万5000年前であることがわかっているとする。どちらも、地球規模の大きな変動を反映していることはまちがいない。しかし、厳密にはどちらが早くはじまっているのだろう。変動が早くはじまっていれば、その地域は大変動の「原因」により近いことになる。気候変動の単なる復元や記載ではなく、究極の原因論に迫ろうとするとき、正確な年代測定は不可欠である。ＩｎｔＣａｌ13は今後、そのようなアプローチを可能にするための強力な軸足を提供していくだろう。

最近の5万年はまた、人類がアフリカを出て全世界に拡大していく時代ともおおむね対応している。人類が長い旅の途中で何を見たのか、また何に突き動かされて新しい土地に入っていったのか理解するためにも、正確な年代に裏打ちされた環境復元は欠かすことができない。

私が大学院生だった1990年代の中ごろ、1万5000年前という年代にはプラスマイナス1000年の不確かさが伴っていた。ＩｎｔＣａｌ98の登場によって、その誤差は400年ほどに縮まった。ＩｎｔＣａｌ13ではプラスマイナス93年であり、その誤差は100年を切っている。

なお、ＩｎｔＣａｌ13に組み込まれる前の水月湖の生データだと、1万5000年前という目盛に私たちが認めた誤差はプラスマイナス60年であり、ＩｎｔＣａｌ13よりもさらに野心的である。今後もし水月湖を支持するデータが増えていけば、水月湖データに対する信頼が増して、ＩｎｔＣａｌに与えられる誤差も減っていくかもしれない。

逆に、これから水月湖と矛盾するデータや、水月湖より精密なデータが提出されれば、水月湖の地位が相対的に低下することもあるだろう。その意味で水月湖は、大きな一歩ではあるが究極の到達点ではない。それが度量衡であるかぎり、正確さを求める戦いには終わりがない。カリアコ海盆が水月湖に道を譲ったように、水月湖のデータもいつかはほかの誰かによって乗り越えられていくだろう。

本書を面白く展開させるために、カリアコ海盆のコンラッド・ヒューエンをあえてライバルか競争相手のように表現した部分があることに、じつは良心の呵責を感じている。じっさいには、私たちは同じ目標のために戦った同志である。水月湖プロジェクトをはじめるにあたって、年縞の初心者だった私は、まずコンラッドの研究所を訪問してアドバイスを求めた。私がカリアコ海盆を乗り越えたがっていることは明らかだったが、コンラッドは私を歓迎し、すべての情報を惜しみなく提供してくれた。当時の私は36歳、コンラッドはちょうど40歳だった。

それから9年後、カリアコ海盆のデータは部分的にIntCal13から除外された。気候変動があった時代に海洋の循環パターンが変わり、プランクトンの^{14}C年代にも影響していたことが、水月湖などほかの地点との比較によって明らかになったからである。逆にいうと、コンラッドのデータは年代目盛としてではなく、気候変動のメカニズムを解き明かすためのカギとして、新たな命を得たことになる。徹底的につくり上げられたデータだけが、こうして何度でも生まれ変わることができる。コンラッドはおそらく、はじめからそのことを知っていた。

いつか「レイク・スイゲツ」を乗り越えようとする若者が現れたとき、私もあのときのコンラッドと同じようでありたいと思う。

その日が来るのを楽しみにしている。

エピローグ――「数えるなんて簡単なこと」

最近の科学のビッグニュース、たとえばニュートリノや小惑星、万能細胞などと比べたとき、私たちのプロジェクトは拍子抜けするほど単純である。土の縞模様をひたすら数え、葉っぱの年代をひたすら測り、それらを組み合わせたにすぎない。とくに「数える」の部分は、原理だけでいうなら小学生でもできる作業である。「簡単なんですね」という感想をじっさいに耳にすることもある。

私もこの仕事に取りかかる前は、要するに数えればいいのだと簡単に考えていた部分があったことを否定できない。だがじっさいにやってみると、数えることは決して簡単ではなかった。私がそう感じている理由は、この本を読んだ後では多少なりとも理解していただけるのではないだろうか。

信じがたいほど地道な作業が大半を占めたにもかかわらず、プロジェクトの雰囲気はいつでも非常に明るく前向きだったことを、最後に強調しておきたい。水月湖２０

06年プロジェクトには、1993年プロジェクトのリベンジという側面があった。同じことを繰り返すのは突きつめれば労力の無駄であり、できるならこれで最後にしたい。私たちは「unimprovable—at least for us(これ以上できない、少なくとも私たちには)」を目標にして、本気でそれに取り組んだ。どんなに単調な作業であったとしても、究極のデータを出しているという実感には、当事者を夢中にさせる興奮作用があった。

較正曲線の更新には不都合が伴う。影響を最小限にとどめるため、私たちは途中段階のデータを小出しにせず、決定打を1本だけ打つことを目指した。だがその戦略は、生産性を重んじる現代の科学の風潮にはまったく適合していなかった。縞数えが終わるまでの4年間、ゴードンもマイケルも、水月湖を題材にした論文をただの1本も生産していない。リチャードですら、SG93の再評価などでわずかに発信していたにすぎない。プロジェクトが論文の量産モードに入るのは、ようやく2012年になってからである。

そのようなプロジェクト運営の方法は、若手のキャリア戦略にとっては最良のものではなかったかもしれない。代償として彼らが得たものは、妥協のない会心の一作を手に入れることの感触である。それが労力やコストに見合っていたと言えるかどうか

SG06 プロジェクトチーム．2010 年 5 月に水月湖畔でミーティングをおこなった．ゴードンは後列左から 3 番目，マイケルは左から 5 番目，その右隣がリチャード．ラムジー教授は前列左から 4 番目，その右隣が筆者，ふたりおいてブラウアー博士

は、これからの彼ら自身にかかっている。若い時代の1本の代表作が、やり方によっては書けたかもしれない5本の凡庸な作品以上に、彼らの将来を助けてゆくことを心から願う。個人的には、時間をかけてでも本当の達成感を味わったことのある若者にこそ、次の時代を牽引してもらいたいと思う。

末筆になってしまったが、本書をロンドン大学ロイヤルホロウェイ校のジョン・ロウ教授に捧げる。ロウ教授と出会わなければ、私はイギリスで長く研究生活を送ることもなかっただろうし、30代の後半と40代の前半を丸ごと水月湖に投入することもなかっただろう。新しい試みは常にギャンブルの要素をもっている。私も水月湖プロジェクトの開始から、一貫して成功を確信し続けていたわけではない。ロウ教授が惜しみなく与え続けてくれた信頼と激励は、しばしば私の精神的な支柱になった。

ロウ教授はエジンバラ近郊出身のスコットランド人である。今度ロンドンを訪ねるときには、話題の日本製ウィスキーでも持っていってみようと思う。日本人研究者をいっさい分け隔てなかったロウ教授である。日本製のウィスキーも、きっと公平に味わってくれるにちがいない。あるいは、科学と関係のない話では意外に頑固な郷土愛が顔を出したりするだろうか。だとしたら、それもまた一興であろう。

2015年7月、設立1周年を過ぎた立命館大学古気候学研究センターにて

中川　毅

その後の10年——現代文庫版のための少し長いあとがき

岩波科学ライブラリーから『時を刻む湖』が出版されたのは、私が２００６年に水月湖の掘削をおこなってから、ちょうど10年目のことだった。年縞という題材に知名度があるとはとても言えず、生活者の利害に直結した内容でもないため、本がどのように受け止められるかは、当時はまったく未知数だった。

それから、ふたたび10年近い時が流れた。水月湖は今でも、とくに首都圏などでは知らない人の方が多い地味な湖だが、『時を刻む湖』は幸いなことに細く長く売れ続けた。そして今回、編集を担当してくださった猿山直美さんの提案で、岩波現代文庫に収録していただけることになった。

近年は出版のサイクルが早くなってきており、10年前の本が手に入らないことは珍しくない。だが文庫というのはある種の「定番コレクション」であり、書店の棚に長く残るだろうという安心感がある。私の本がその一角に位置を占め、プロジェクトの記録として残り続けるということを、いまは率直に喜びたいと思う。この本を評価し、支えてくださったすべての方に、心からのお礼を申し上げたい。

この本の中で、時間は２０１３年まで流れ、そこで途切れて終わっている。だがその後の10年で、水月湖の周辺ではじつに多くの出来事があった。

まず信じがたいことだが、ゴードンが年縞の数え直しをおこなった。ゴードンにとってもマイケルにとっても、「標準ものさし」をつくる仕事ははじめての経験であり、その過程でつまずくことや、新たに学ぶことは多かった。このプロジェクト全体が、広い意味では北川の仕事の「やり直し」だったように、本当に悔いの残らない仕事というのは、ひょっとすると2回目以降の挑戦で達成されるものなのかもしれない。ゴードンが自分のデータに納得し、最終的に論文を発表したのは２０１８年のことだった。国際チームが本格的なデータ生産に着手したのは２００８年の2月だから、けっきょく完成までに10年を要したことになる。

ゴードンの２０１８年版のデータを踏まえ、２０２０年にはＩｎｔＣａｌの改訂がおこなわれた。その際、中国の鍾乳石のデータも大幅に更新され、バハマの鍾乳石のデータに完全に取って代わった。本書でも少しだけ触れたが、年縞の計数は時代とともに誤差が蓄積していくのに対して、鍾乳石のウラン・トリウム年代はどの時代についてもおおむね正しい値を示す(ただし石灰岩の影響があるため、放射性炭素年代の信頼度は水月湖に劣る)。そのため水月湖のデータも、全体の傾向は鍾乳石のデータを参照しながら補正をおこなっている。鍾乳石のデータが拡充されたことと連動して、水月湖の年代の精度も向上し、ＩｎｔＣａｌ20の品質はＩｎｔＣａｌ13よりも全体的に高くなった。

年縞と鍾乳石のデータの質が向上したことで、サンゴのデータは部分的に役割を終えつつある。とくに地球がまだ寒冷化に向かっていた時代、つまり氷期の最寒冷期より古い時代については、その後の寒冷化にともなう海面低下の影響でサンゴ礁が一時的に陸化し、風化などの影響にさらされた可能性が高いため、ＩｎｔＣａｌ20からはすべて除外された。

これとは対照的に、カリアコ海盆のデータはＩｎｔＣａｌ20で全面的に復活を遂げた。海のサンプルは深海の古い炭素の影響、本書で何度も言及した「リザーバー効果」の影響を受ける。カリアコ海盆のデータも、とくに大規模な気候変動が起こっていた時代についてはリザーバー効果の推定が困難だったため、ＩｎｔＣａｌ13から部分的に除外されていた。だがその後、コンピュータと気候モデルの性能が向上したことで、そのような時代についてもリザーバー効果を「計算」できるようになってきた。

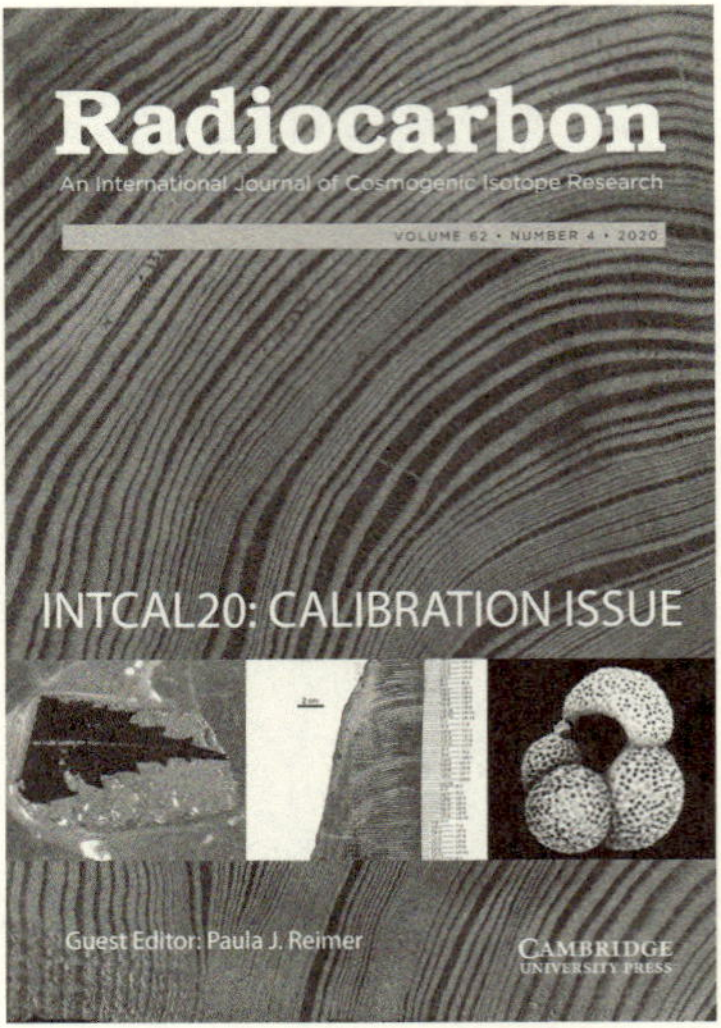

図a　「ラジオカーボン」誌 IntCal 20 特集号の表紙

リザーバー効果の大きさがわかれば、放射性炭素年代を補正することができる。ＩｎｔＣａｌ20には、そのような方法で補正したカリアコ海盆のデータが使われている。

図aは、ＩｎｔＣａｌ20の詳細を紹介した学術雑誌「ラジオカーボン」の特集号である。表紙の背景は樹木の年輪だが、その手前に3枚の写真が並べられており、左から順に、水月湖の葉っぱの化石、中国の石筍、そしてカリアコ海盆のプランクトンの化石である。ＩｎｔＣａｌ13の特集号では、水月湖の圧倒的な貢献が強調されていたが(130ページ)、今では3つの研究が助け合ってこの分野を支えている様子が表現されている。水月湖の存在感が薄まったことを悔しいと感じる人もいるかもしれないが、個人的には現状の方が美しい形だと思っている。

　ここで述べたようなＩｎｔＣａｌ20の概要は、２０１９年の夏にアイルランドの首都ダブリンで開催された、世界第四紀学会(ＩＮＱＵＡ)の特別セッションで発表された。セッションの司会は、グループリーダーのポーラ・ライマー教授だった。最初にＩｎｔＣａｌ20についての説明と承認手続きがあり、次にグループの今後の運営方法が話し合われた。ライマー教授はそこで、自分は今回のＩｎｔＣａｌ更新を最後にリーダー役を退くつもりであること、自分の後継者には、イギリス・オックスフォード大学のクリストファー・ブロンク・ラムジー教授を指名したいことを、淡々とした口調で述べた。ラムジー教授は本書にも登場した、水月湖プロジェクトで^{14}C年代測定の部分を牽引した中心人物である。ラムジー教授は促されてステージに上り、会場は温かい拍手でそれを迎えた。

　こうして水月湖プロジェクトは、外からＩｎｔＣａｌにデータを提供するだけでなく、ＩｎｔＣａｌの将来像を中から設計する役割をも担うことになった。私たちはただ真実を示したかっただけであり、政治的な影響力をもちたいと願ったことは一度もない。だが結果として、私たちがつくり上げてきたデータや研究文化が評価され、世界からそのような役割を付託されるに至ったことは、率直に嬉しいと感じる。

＊＊

水月湖プロジェクトも歩みを止めていない。水月湖のキャリブレーションデータの強みは、樹木の葉っぱの化石を用いたために、深海の水や石灰岩に含まれる「古い炭素」の影響を考えなくていいことだった。だが葉っぱの化石は、年縞の中にまばらにしか含まれておらず、ねらった年代からデータが得られるかどうかは偶然に左右される。そのため、できあがった「ものさし」の目盛りは等間隔にならず、「ものさし」としての使い勝手に不満が残っていた。

この問題を解決するために、私たちが注目したのが花粉の化石である。花粉は葉っぱと同様、陸上の植物によってつくられるため、原則として古い炭素を含んでいない。しかも空気中に大量にまき散らされ、最終的に落下し、その多くが化石になって残る。そのため水月湖の年縞の中には、1グラムあたり多いときで数十万粒、少ないときでも数百粒の花粉の化石が含まれている。もしこれを大量に集めることができれば、樹木の葉っぱのように上質の年代データが得られるはずである。しかも葉っぱの化石を探すときのように運に頼る必要がなく、ねらった時代から自在にデータを得ることができる。つまり「ものさし」の目盛りをほぼ等間隔にすることができる。

堆積物から花粉だけを抽出する試みは、じつは古くからおこなわれてきた。酸やアルカリを用いて花粉以外のものを分解したり、比重の違いを利用して花粉の化石だけを浮き上がらせたり、マイクロピペットで花粉だけを大量に拾い上げるなどの方法が試みられ、なかには抽出だけでなく年代測定にまで成功した例もあった。だがデータを安定的に量産することに成功したグループは存在せず、花粉の純粋抽出と年代測定は、この分野の研究者たちにとって「見果てぬ夢」のようなものになっていた。

水月湖プロジェクトは現在、この点でもブレークスルーをもたらしつつある。扉を開いたのは「セルソーター」と呼ばれる装置だった。

セルソーターとは、細胞の種類をレーザーで識別し、高速でより分ける装置のことであり、生物学や基礎医学の分野では普通に用いられている。イギリスのエクセター大学を中心とするグループは、この装置を応用することで堆積物から花粉化石を抽出する実験をおこない、予察的ではあるが良好な結果を得た。結果を報告する論文は、奇しくもＩｎｔＣａｌ13と同じ２０１３年に発表された。いまにして思えば、まるでこの分野の未来を暗示していたかのようである。

もっともエクセター大学の試みは、泥の粒子が装置の毛細管を詰まらせるなどの問題が発生したことで、残念ながら早々に頓挫してしまった。そこで私たちは、主要部品がすべて使い捨て、あるいは交換可能なタイプのセルソーターを導入し、日本に場所を移して実験を継続した。手法の開発を担当したのは、立命館大学古気候学研究センターの山田圭太郎博士と、東京大学総合研究博物館の大森貴之博士である。山田博士は主に花粉抽出の技術開発を、大森博士は抽出された微量の花粉から正確な年代を得る手法の確立を、それぞれ担当した。

詳細はここでは割愛せざるを得ないが(それこそもう1冊の本が書けてしまうだろう)、二人の若者の5年にわたる努力の結果、2019年ごろには、ほぼすべての堆積物から花粉を抽出し、正確なデータを得ることができるようになった(図b)。大森博士がこの成果を、ノルウェーのトロンヘイムで開催された国際学会で発表した際には、まだ講演の途中であるにもかかわらず拍手が鳴り止まなくなり、発表の継続が困難になるという異例の事態が発生した。世界がこの技術をいかに待望していたかを、鮮やかに描き出すエピソードである。

セルソーターによる花粉の純粋抽出と年代測定はその後、きわめて安定的に運用できる技術に成長した。立命館大学は現在、この技術を有償で提供するサービスPOLARIS(POLlen RAdio ISotope:花粉の放射性同位体)を開始している。またオックスフォード大学と正式なパートナーシップ協定を締結し、同サービスの国際展開も

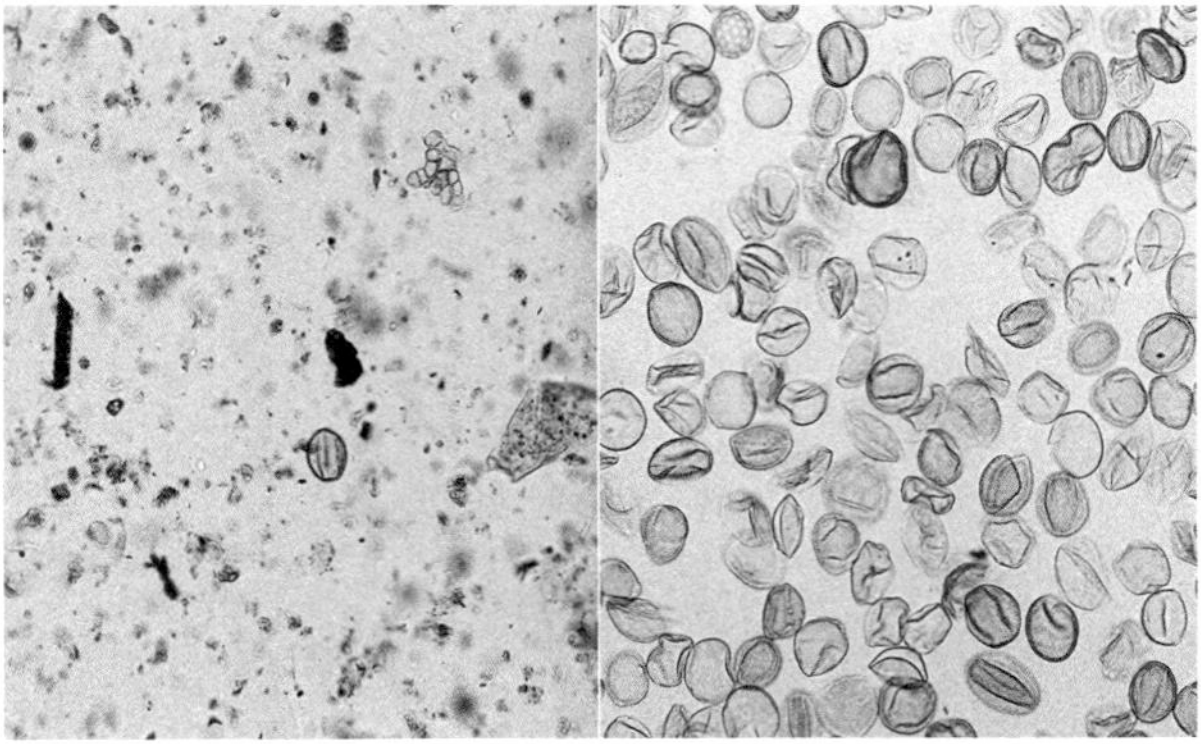

図 b　セルソーターで年縞を処理する前(左)と後(右)の顕微鏡写真．処理後は，花粉の化石が圧倒的な純度で濃縮されている

スタートした。

山田博士と大森博士は現在、水月湖の堆積物から花粉を精力的に抽出し、年代を測定する作業を進めている。国際的にはすでに「完成した」と見なされることも多い水月湖の年代測定プロジェクトだが、次回のＩｎｔＣａｌ更新の際には、水月湖からふたたび大量のデータが追加されるだろう。ＩｎｔＣａｌグループの新しいリーダーであるラムジー教授とも、プロジェクトの進捗状況について、ほぼリアルタイムで情報共有をおこなっている。

＊＊

２０１８年９月15日、水月湖の近くに

聞き慣れない名前の博物館がオープンした。法律上の正式名称は「福井県年縞博物館」だが、略称は単に「年縞博物館」であり、ロゴマークなどでも略称の方が積極的に用いられている。名前が示唆する通り、水月湖の年縞とその研究成果を展示するための専用の施設である。この博物館には「ギャラリー」と呼ばれる細長い直線の空間がある。「ギャラリー」には、厚さ45メートルもある水月湖の年縞がすべて、1年分も取りこぼすことなく展示されている。

本書で詳しく紹介したように、水月湖の年縞はそれ自体が貴重であるだけでなく、その価値をきちんと引き出すことにも膨大な労力を要した。北川が分析したボーリング試料SG93は、回収された試料と試料の間にわずか数センチメートルの「取りこぼし」があったために、世界標準になることができなかった。だが2006年のボーリング試料、いわゆるSG06は、複数の掘削孔から得られた試料がお互いの欠落部分を補い合っていた。そのため、SG06はどこにも取りこぼしのない「完全連続」試料になり、最終的に世界の信頼を得ることができた。

掘削はすべての作業の最上流に位置しているため、掘削の質はプロジェクト全体の質を決定づける。私は、水月湖の年縞をテーマにした博物館をつくるのであれば、最上流から手を抜かず、完全連続であることを貪欲に志向した、私たちの研究文化をも可視化したいと思った。

ＳＧ06はすでに分析のために消費されてしまい、展示に耐える形では残存していなかった。そこで私は、ＳＧ06のときと同じ西部試錐工業株式会社の北村篤実社長に依頼して、展示のためのボーリング試料を新たに採取していただいた。北村社長がみずから率いる精鋭チームは、２０１４年の7月から9月にかけて水月湖に滞在し、深度をずらして複数回の掘削をおこなった。そうして、あらためて展示に耐える品質の、どこにも欠落のない「完全連続」な試料を採取してくださった。

採取した年縞を展示することも容易ではなかった。じつは、年縞の展示に挑戦したのは私たちが初めてではない。私が把握する限り、年縞の展示に世界ではじめて挑戦したのは、アメリカの首都ワシントンＤＣにある、あのスミソニアン自然史博物館だった。１９９８年、カリアコ海盆の年縞を分析したヒューエンのデータがＩｎｔＣａｌの中心部分に採用された。そのことの意義を正しく理解したスミソニアンが、ヒューエンの年縞をアメリカの誇りとして展示することを望んだのである。

だが年縞とは要するに「湿った泥」であり、そのまま展示すればたちまち乾燥して粉を吹き、ひび割れてしまう。また生物のいない、酸素のない環境で堆積するため、地表に取り出された瞬間から酸素と反応して劣化がはじまる。しかも腐った卵や下水を連想させるような、独特の強い臭気を放っている。スミソニアンはこれらの問題を克服しようと試みたが、打開策を見出すことができず、けっきょく年縞のレプリカを展示することで妥協せざるを得なかった。

問題は、年縞博物館はスミソニアンではないことだった。スミソニアンであれば、たとえカリアコ海盆の年縞が本物でなかったとしても、他にいくらでも見るものがある。だが年縞博物館は、あくまでも年縞に特化した博物館として計画されていた。その主役となる展示物がレプリカというわけには、どうしてもいかなかった。

そこで私が協力を仰いだのが、ドイツの技師ミヒャエル・ケーラー氏だった。ケーラー氏は年縞に樹脂を染みこませて固め、板状に切って断面を研磨し、ガラス板に張り付け、薄く研ぎ上げ、樹脂を塗り、もう1枚のガラスで挟むことで、永久保存が可能な年縞のプレパラートをつくる技術をもっていた。私が紹介されたときには自分の会社のオーナーになっていたが、それ以前はポツダム地球科学研究センターに勤務する技師だった。

ポツダムといえば、ゴードンが水月湖の年縞を2度までも数え上げた拠点にほかならない。マイケルは年縞の計数にX線を使ったが、ゴードンは年縞のプレパラートをつくり、顕微鏡と肉眼ですべての層を観察した。ケーラー氏はそのゴードンに、プレパラートのつくり方を教えた張本人だった。

通常のプレパラートは、せいぜい数センチメートルの大きさしかない。だが何十メートルも続く年縞を、無数の小さいプレパラートに分割するのでは効率があまりにも悪い。分析の効率を上げるには、なるべく大きなプレパラートをつくる技術が必要になる。ケーラー氏は長さが11センチメートルもある「巨大な」プレパラートをつくることができる名人として、世界に名前を知られていた。

図c　ミヒャエル・ケーラー氏と年縞の「ステンドグラス」. ポツダム近郊の工房にて

そのケーラー氏が、スイスのチューリヒの博物館から依頼を受けて、こんどは長さ1メートルもある「超巨大プレパラート」の開発に着手した。平坦な道のりではなかったようだが、3年半の試行錯誤の結果、光を透過するほど薄く、永久保存することが可能な、「年縞のステンドグラス」をつくることに成功した(図c)。年縞博物館の計画がもち上がった2013年当時、そのような標本は世界に1枚しか存在していなかった。私はポツダムのケーラー氏を訪問し、45メートルもある水月湖の年縞をすべてステンドグラスにしてほしいと依頼した。

ケーラー氏は健康に不安を抱えており、それが困難な挑戦であることは明らかだったが、その仕事の意義を理解し、快く引き受けてくださった。それから4年後、7万年をすべてカバーするためにケーラー氏が作成した「年縞ステンドグラス」は、最終的に100枚以上にのぼった。年縞は時代ごとに少しずつ性質が異なるため、加工の方法も1枚ごとに微修正する必要があった。ケーラー氏の健康不安が再発した時期もあった。作業はしばしば遅れがちになり、本当に予定通り開館できるのか、関係者たちの気が休まることはなかった。だがケーラー氏は、期待された仕事をすべてやり遂げた。4年の準備期間を経て、最後の1枚のステンドグラスがドイツから無事に納品されたのは、予定されていた開館日のわずか6週間前のことだった。

いま年縞博物館の「ギャラリー」には、北村社長が取りこぼしなく採取し、ケーラー氏がすべてステンドグラスに加工してくださった水月湖の年縞が、7万年分すべて、45メートルにわたって展示されている。ギャラリーをデザインしてくださったのは、ベテラン建築家の内藤廣さんと、乃村工藝社の気鋭のデザイナー稲野辺翔さんである。

図d　年縞博物館のメインギャラリー

水月湖が刻み続けた時間の長さを、空間の長さに置き換えて感じることのできる、宗教的と呼びたくなるほど静謐な空間である（図d）。

＊　＊

年縞博物館のオープンから5カ月ほど経った2019年2月、年縞博物館に近い福井県若狭町の公民館で、ある国際シンポジウムが開催された。水月湖研究を支えた国際チームのメンバーを集め、同時通訳の機材とスタッフまで用意して、一般向けの成果報告会をおこなったのである。

水月湖プロジェクトのメンバーは、大半がイギリスとドイツを拠点にしている。主催者と私が用意できた予算では、4人までしか日本に招待することができなかった。だが私は、新しくできた年縞博物館を1人でも多くのメンバーに見てほしかった。夜にはギャラリーの一角にテーブルとグラスを並べて、同窓会をやってみたかった。そこで私はプロジェクトのメーリングリストにメッセージを送り、シンポジウムの日程を伝え、参加を呼びかけた。

2月の上旬は、ヨーロッパでは冬学期の授業期間中にあたる。日本を往復しようと思えば1週間ちかい時間が必要になるし、旅費も全員に行き渡りはしない。どうしても集まってほしい海外のメンバーは10人ほどだったが、私は正直なところ、その半分も集まれば上出来だろうと思っていた。だが蓋を開けてみると、主要メンバーは全員、ひとり残らず、日本に来ると言ってくれた。用意した旅費は、主に若いメンバーに配分した。メンバーの中には家族を連れてきた人もいて、彼らがこの旅行のために、少なくない私費を投じてくれたことは明らかだった。

参加がいちばん危ぶまれたのは、蛍光X線スキャナで年縞を数えたマイケルだった。マイケルはこのとき、中部イングランドの高等学校で理科の教師になっていた。高校の授業に穴をあけることは、大学の講義を休むことよりも難しい。私は、マイケルが日本に来ることだけは無理だろうと半ば覚悟していた。

だが、マイケルはあきらめなかった。校長に面会を申し込み、その日本旅行が自分の人生にとって、きわめて重要な意味をもつイベントであることを語った。そして、留守の間は給料を辞退するから、学期中に休暇を許可してほしいと願い出た。校長は、まず日本からオンラインで、またイギリスに帰国してから対面でもう一度、全校生徒に向けて自分の体験を語るという条件で、1週間だけ学校を留守にすることをマイケルに許した。

その同窓会は、水月湖プロジェクトの一つのハイライトだったと思う。ギャラリーの一角には長いテーブルが置かれ、主にメンバーが持ち寄った飲み物と、博物館のカフェが特別に用意してくれたオードブルが並んだ。年縞博物館の壁面は、全周が大胆なガラス張りになっている。LEDの光に浮かび上がった100枚の年縞ステンドグラスは、陽が落ちた後の四方の窓に反射し、非現実的なほど美しい空間をつくり出していた。

私が国際チームをつくって、五里霧中のまま年縞の分析にとりかかったのは2008年2月のことだから、このときすでに11年が過ぎていたことになる。プロジェクトをはじめたときには、まさか自分たちの研究成果が博物館になるとは想像していなかった。それどころか、学術的に脚光を浴びるとすら思っていなかった。私たちがつくったものは、突き詰めれば1本の「ものさし」にすぎない。称賛されるのは、通常は詳細な図面をもとに組み上げられた装置や、正確な測量で掘り当てられた財宝の方であって、そのために使われたものさしが表舞台に立つことはない。だがどんなに目立たない脇役であっても、それをつくり上げることのために使った私たちの時間には意味があったと、あのときは確かに感じることができたし、今でもそう思っている。

＊＊

最後は個人的な話になってしまったが、以上が水月湖プロジェクトの、「年代のものさし」にまつわるその後の10年である。「ものさしにまつわる」と限定したのは、それ以外の研究も大きな進展を見せているからである。2013年以降、水月湖の年縞は「世界でもっとも正確に年代が判明した堆積物」として認知されるようになった。それを分析すれば、過去の地球で「いつ、何が」起こったのかをきわめて正確に知ることができる。そのような研究の鉱脈は新たに多くの人を引き寄せ、水月湖の研究チームを豊かにしてくれた。

イギリスのオックスフォード大学とスウォンジー大学、および東京都立大学を中心とするグループは、年縞に含まれる微量の火山灰を詳細に調べ上げ、日本における火山噴火の歴史を解明しようとしている。彼らは水月湖の年縞を1センチメートルごとに切り分け、そのすべてを分析することで、この分野における圧倒的な金字塔を完成させつつある。

神戸大学のグループは、年縞がもつ磁石としての性質を細かく分析することで、過去の地球磁場の変動パターンと変動メカニズムについて、きわめて重要な発見をなし遂げた。グループを主導した神戸大学の兵頭政幸名誉教授は、1991年に水月湖の試掘をおこない、年縞発見の端緒を開いた張本人でもある。兵頭先生の論文は、世界にも強い刺激を与えた。とくにノルウェーのベルゲン大学とイギリスのリーズ大学、それにイギリスのケンブリッジ大学を加えたグループは、兵頭先生が発見した「地磁気が急速に弱くなる時代」が地球環境と人類進化に与えた影響について、斬新な手法で解明するプロジェクトを新たに立ち上げた。すでに資金の獲得にも成功し、試料の分析を開始している。

水月湖の外に拡大していった流れもある。年縞には「人間が実感できる時間スケール」で過去の出来事が刻まれているため、考古学との親和性が高い。立命館大学古気候学研究センターの北場育子准教授は、メキシコ南東部で数年にわたって踏査を続け、マヤ文明の遺跡の中にある湖から年縞を発見した。現在この年縞の分析結果から、マヤ文明の盛衰と土地利用、および気候変動の関係について、きわめて興味深いデータが得られている。

冗長になるのでこれ以上は割愛するが、こんな調子で書き進めていけば、たちまち何ページでも埋めることができてしまう。いま水月湖の年縞の分析は、4カ国の10以上の研究機関で進められている。2024年度からは年縞研究を核として、考古学や年代学、気候や災害のシミュレーションなどを統合した文部科学省の大型プロジェクト「『暴れる気候』と人類の過去・現在・未来」がスタートした。2006年に「水月ヒルトン」(110ページ)から弱々しくはじまった第二次水月湖年縞プロジェクトは、20年近く経ったいま、正の連鎖をさらに加速させている。

そして最後にもう1人、ごく簡単に紹介したい人がいる。それは、他でもない私自身である。本書ではあまり強調しなかったが、私もまた、水月湖の年縞を分析している研究者の1人なのだ。

私の専門は、堆積物に含まれる花粉の化石を手がかりに、過去の気候を復元することである。時間に正確な目盛りを与える仕事は、誤解を恐れずに言うなら、私にとっては壮大な下準備にすぎなかった。それが一定の成功を見たいま、ためらう理由はもう何もない。火山灰を探すためにオックスフォード大学がしたのと同じように、私も水月湖の年縞をすべて1センチメートル間隔で刻み、分析を進めている。45メートルの年縞を1センチメートルで刻めば、サンプルの数はおよそ4500になる。簡単な数字ではないが、不可能でもない。すでに8合目が視野に入っており、今のペースを維持すれば数年後には完了する予定なので、そのときには専門的な論文を書くだけでなく、一般向けの書籍でも報告できたらと思う。

長くなってしまったあとがきを、本文と同じ言葉で締めくくろう。

その日が来るのを楽しみにしている。

2024年8月

中川　毅

解　説

大河内直彦

日本に暮らす人々にとって、西暦二四〇年代後半まで生きた卑弥呼より前の時代は急速にぼやけたものになる。同じように、ヨーロッパから中東に暮らす人々にとっては、紀元前四四年に暗殺されたカエサルの栄枯盛衰や、紀元前二六八六年に始まった古代エジプト第三王朝以前の話になると突然、鮮明さを失う。かつて、正確な年代がどこにも記録されていない先史時代の出来事は、ごく一握りの人以外にとって古代ミステリーという以上に意味をもつものではなかった。

実際のところ、まだ確かな年代測定法がなかった二〇世紀初頭に生きたイギリスのある考古学者は、次のような言葉を残している。

年代のない考古学は、時間の示されていない列車の時刻表のようなものである。

年代情報を欠いた「考古」が、いかに食えないモノかを嘆いた自虐だった。

しかしこの嘆き節と前後して、はるか遠くから革命の声は聞こえ始めていた。一部の原子核が放射線を出し、異なる核種に変化するという不思議な現象が発見され、研究が進んでいたのである。アンリ・ベクレルやマリー・キュリーなど先駆的な実験物理学者たちが見出した放射性核種とその放射壊変という現象は、まもなく物理化学者の手に委ねられ、核種の起源や半減期などが詳しく調べられる。そして第二次世界大戦を経て地球科学者へと手渡されると、多様な放射性核種は確かな年代を知る方法論として一気に開花する。

本書で語られる放射性炭素もその一つである。一九五〇年ごろに産声を上げたこの年代測定法によって、これまで世界中から集められた人類学的・考古学的試料の年代が測定されてきた。イギリスのストーンヘンジ、イースター島のモアイ像、フランス・ラスコーの洞窟壁画、パレスチナで発見された死海文書、トリノの聖骸布、オーストリアの氷河に埋もれていたアイスマン……。世界中のありとあらゆる古代ミステリーに、年代という普遍的な情報を割り付けていったのである。日本では、多くの古墳や遺跡の年代を元に、縄文時代や弥生時代の始まりの年代が決められた。

宇宙の彼方から、ほぼ光速で飛んでくる宇宙線によって生み出されるシグナルを元に、こういった年代が推定されていると知れば、宇宙との繋がりの奥深さを感じずにはいられないだろう。そして、わずか一兆分の一足らずしか含まれていない核種を正確に測定して年代が推定されると知れば、まさに驚愕という他ない。

魔法のような年代測定法が生まれてから七〇年あまりの間に生み出された一〇〇万点をゆうに超える年代の数々は、それが確かなツールであることを自ら証明していった。この方法が開発された当初、年代測定にともなう五パーセント程度の誤差は仕方ないものと考えられていた。たとえば、きっかり四〇〇〇年前の試料を測定すると、「約六八パーセントの確率で三八〇〇〜四二〇〇年前」といった具合である。しかし、「較正」という操作を加えれば、さらに確かな年代へと昇華することができる。そのうえで適切な統計学的な処理を施せば、場合によって誤差一〇年以内という驚異的な精度での年代測定も可能になる。

そんなどんぴしゃな年代測定は、時間軸が入るあらゆる学問の世界に革命をもたらしてきた。そしてそれは今なお続いている。一つの年代は広い時空間の一点にすぎない。しかし年代測定の結果が増えるにつれ、点と点が繋がって線を結び、複数の線が重なって面をなし、やがてそれが積み上がって立体を生じる。砂漠に突如としてオアシスが生まれ、そこに道が通じ、小さな町が生まれ、ついにはラスベガスが出来上がるといったイメージであろうか。正確な年代が先史時代にどんどん組み込まれていけば、過去の実像は自ずと浮き上がる。これこそがまさに、中川さんが本書で語った方法論の産み出す科学の世界である。

しかし実際のところ、そんな果実に至る道のりは平坦ではなかった。年代測定の結果は、当初から決して皆に拍手で迎え入れられたわけではなく、方法の妥当性に疑義を唱えた研究者も少なくはなかった。そんな事情には、教育も一役買ったようだ。日本に限らず西欧各国の高等教育において、過去一五〇〇年あまりを扱う歴史学(文献を元に過去に起きた事実を追究する学問)は文学部にあり、数万年前の先史時代を研究する考古学も文化系の学部にある。ところが同じ時代とはいえ、人類に焦点を当てて研究するのは人類学であり、地球や気候などが対象となると、たとえ一〇〇年前の話だろうが、数万年、数百万年、数億年前だろうが地球科学の対象となり、ご存じのとおりこういった分野は物理や化学を基礎とする理科系の学部にある。ついでにいえば、地球科学も地球が生まれた四六億年前までであって、それ以前になると惑星科学者、天文学者、そして一三八億年前にまで至れば素粒子物理学者が登場する。時を遡るにしたがい、知的基盤のまったく異なる研究者が次々と現れては消えていくという、奇妙な現象に気づく。単に時間の矢印が時を遡っていったというだけの話なのに。

本書で焦点が当たる過去五万年前から一万年前に至る期間は、考古学、人類学、地球科学のいずれにとっても重要なイベントが目白押しである。考古学にとっては単純な石器を利用した旧石器時代から土器をつくって利用する縄文時代に移行する時代であり、人類学にとってはホモ・サピエンスがアフリカからヨーロッパや東アジアなど世界各地に拡散し定住した時代であり、地球科学にとっては最終氷期やヤンガー・ドリアス期など、気候の仕組みを教えてくれる気候イベントを含み、今まさに私たちが直面する気候変動の理解に重要な示唆を与えてくれる時代である。多様な分野がクロスオーバーする類い希なる時代なのだが、これらの分野の研究者たちはあまり協働することなく、独立に事象を解析し、議論してきた。

そういった分野の研究者が、手に手を取り合って協力すれば、さぞかし素晴らしい成果も生まれるはずと思われる向きもあろう。近年の学際連携とか文理融合などといった威勢のいい掛け声は、そんな思惑が背景にある。まあ確かにそういう前向きな姿勢を否定はしない。しかし都合の悪いこともたくさん起こる。基礎的知見やフィロソフィーの異なる人々がやみくもに集合したところで、ろくに議論は成り立たず、ひどい場合、互いの無知をあざ笑ったり、罵り合ったり目も当てられない。かつてイギリスにおいて物理学と文学の間で起きた論争は、半世紀あまり前にC・P・スノーの

『二つの文化と科学革命』(みすず書房)に描かれている。そんな醜い争いは、場所や分野を選ばず起き、日本の歴史科学の分野もその一例を提供する。過去に辿っていくと、放射性炭素で決めた年代の信憑性に関する激しい鞘当てと、その後に続く表向きの融和が繰り返されてきた。そんな経緯を経ながらも、互いの必要性を理解して、おそるおそる接近してきたことがわかる。が、決して容易に融合はしない。互いに知見の共有はしても、魂まで染まらぬよう入念な注意が払われる。そんな調子だから、本当の意味での協働となるときわめて難しいのが現実である。そもそも学問の方向性が違うからということもあろうが、まだナイーブで世間知らずの十代後半に大きな壁のあちらとこちらに分けられた頭が、その後一〇年ほどの教育期間と、(ひどい場合は四〇年あまりの)交流ブランクを経て、再び一緒になったところで簡単に話がかみ合うわけがない。

しかし、学問はやはり融合を目指さねばならない。学問上の新たな発見や重要な理論は、しばしば分野と分野の深い谷間に落ちているからである。切り立った崖の向こう側で華やいだ分野を遠目に指をくわえて眺めるだけでなく、こちらからあちらへ渡ってみなければ、目的の獲物を手に入れることはできない。時間を重要な軸ととらえる科学において、年代は分野をまたぐ共通の言語であり、深い谷の上を渡す橋となる。

時間という目盛りさえ、きちんと揃えることができれば、私たちはいずれ理解し合える時が来るだろう。水月湖の堆積物は、まさにそんな谷に架ける橋の格好の材料だったのである。

一般に、研究とは純粋に知的な作業であるというイメージをもつ人は多い。しかしその実状は、人間による人間のための息の長いトータルな活動という面も多分に含んでいる。もちろん、他の多くの職種と同じように人間模様も交錯する。そんな科学者の世界にコミュニケーションは欠かせず、それを駆使してうまくコミュニティに食い込まない限り、論文を書いても素通りされるのが関の山だ。現代の科学者の世界において研究者として食っていくには、研究費が必要であり、研究費を得るためには成果が必要であり、成果が簡単に数値化される現代の科学では、皆から注目される論文を書かねばならない。成果をいかに魅力的に発信するか、他の成果との違いをどう見せるか、科学として決して本丸ではないことにも気配りは欠かせない。本書でも随所にそのような話題が盛り込まれ、それを楽しんでいるふうにすら見える中川さんがいる。私のような気楽な読者はそう読めてしまうのだが、同じ一研究者の視点で読み直すと、それこそ渾身の力を込めたフルスイングだったことは明らかである。

研究の時間スケールもさまざまである。一人の研究者が高い生産性を保つ期間は長くても三〇年あまりだが、最初の数年でヤマを当てて、あとの数十年を隠居のような暮らしを送る研究者もいれば、それこそ一生をかけてコツコツ積み上げて自らの仮説を証明する研究者もいる。さらに、幾世代もバトンを受け渡してようやくゴールに到達する場合もある。本書で語られた水月湖の堆積物を用いて放射性炭素年代の較正を精緻化する仕事は、まさにこれに当たる。中川さん本人の弁にあるように、卓抜な三人をつないだバトンである。しかし最終的には、中川さんの鋭い感性、一途な思い、そして不屈の精神が、水月湖の堆積物を世界の時間軸へと大きく飛躍させた。そんな研究を自ら解きほぐした本書には、研究という活動の生の姿が溢れ、それを肌で感じ取ることができる。象牙の塔に籠もることなく、あちらで交渉、こちらで調査、そちらで実験という忙しくも実りある一研究者の活動をそこに見ることができる。特に研究者を目指す若い世代にとって、この業界で実際に起きていることを垣間見る絶好の機会だろう。

メディアやSNSでは、発明や発見などわかりやすい特定の成果に自然と人々の目は注がれがちである。しかし、そんな成果が生み出される遥か以前から科学は始まっている。研究法を新たに編み出したり基準を打ち立てたりすることは、ずっと地味で理解されにくく、その重要性は一般に見過ごされがちである。それどころか「研究のための研究」などといった陰口を叩かれることすらある。しかし厳密な科学は、正しい方法で共通の基準に則って行われねばならない。科学成果が氾濫する現代において、一時的に耳目を集めた研究成果といえども、方法や基準がアップグレードされるとともに、人知れず消え去っていくものもある。先史時代の科学においては、正確な年代が何よりもまず必要条件になる。そのうえで、時の試練に耐えたものだけが舞台に残ることができる。

水月湖の堆積物によって打ち立てられた成果は、いまや先史時代の時間基準となった。科学という舞台を屋台骨として支えている。現在もこの基準を元に、人類史や気候変動史について新たな研究成果が日々生まれ、人類の業績リストにどんどん付け足されている。まだモノトーンの先史時代も徐々に色づいた世界に変貌していき、いずれ歴史時代と先史時代の境界は溶けてシームレスな「歴史」へと生まれ変わっていくだろう。そんな舞台を中川さんとその共同研究者、そして彼らの先人たちの汗が固い結晶をつくって、支えているのである。

科学とはどのようにして成長していくのか。そんな世界を覗いてみるには、本書はまさに最高の一冊である。

（地球科学者）

本書は二〇一五年九月、岩波書店より刊行された同名の書に、岩波書店の雑誌『図書』二〇一七年五月号掲載「追憶の水月ヒルトン」をコラムとして加えて再構成した。

時を刻む湖 ―7万枚の地層に挑んだ科学者たち

2024年12月13日　第1刷発行

著　者　中川《なかがわ》 毅《たけし》

発行者　坂本政謙

発行所　株式会社 岩波書店
〒101-8002 東京都千代田区一ツ橋 2-5-5

案内 03-5210-4000　営業部 03-5210-4111
https://www.iwanami.co.jp/

印刷・精興社　製本・中永製本

ISBN 978-4-00-603351-4　　Printed in Japan

岩波現代文庫創刊二〇年に際して

二一世紀が始まってからすでに二〇年が経とうとしています。この間のグローバル化の急激な進行は世界のあり方を大きく変えました。世界規模で経済や情報の結びつきが強まるとともに、国境を越えた人の移動は日常の光景となり、今やどこに住んでいても、私たちの暮らしは世界中の様々な出来事と無関係ではいられません。しかし、グローバル化の中で否応なくもたらされる「他者」との出会いや交流は、新たな文化や価値観だけではなく、摩擦や衝突、そしてしばしば憎悪までをも生み出しています。グローバル化にともなう副作用は、その恩恵を遥かにこえていると言わざるを得ません。

今私たちに求められているのは、国内、国外にかかわらず、異なる歴史や経験、文化を持つ「他者」と向き合い、よりよい関係を結び直してゆくための想像力、構想力ではないでしょうか。

新世紀の到来を目前にした二〇〇〇年一月に創刊された岩波現代文庫は、この二〇年を通して、哲学や歴史、経済、自然科学から、小説やエッセイ、ルポルタージュにいたるまで幅広いジャンルの書目を刊行してきました。一〇〇〇点を超える書目には、人類が直面してきた様々な課題と、試行錯誤の営みが刻まれています。読書を通した過去の「他者」との出会いから得られる知識や経験は、私たちがよりよい社会を作り上げてゆくために大きな示唆を与えてくれるはずです。

一冊の本が世界を変える大きな力を持つことを信じ、岩波現代文庫はこれからもさらなるラインナップの充実をめざしてゆきます。

（二〇二〇年一月）

S322
菌世界紀行
―誰も知らないきのこを追って―
星野　保

大の男が這いつくばって、世界中の寒冷地にきのこを探す。雪の下でしたたかに生きる菌たちの生態とともに綴る、とっておきの〈菌道中〉。〈解説〉渡邊十絲子

S323-324
キッシンジャー回想録 中国（上・下）
ヘンリー・A・キッシンジャー
塚越敏彦ほか訳

世界中に衝撃を与えた米中和解の立役者であるキッシンジャー。国際政治の現実と中国の論理を誰よりも知り尽くした彼が綴った、決定的「中国論」。〈解説〉松尾文夫

S325
井上ひさしの憲法指南
井上ひさし

「日本国憲法は最高の傑作」と語る井上ひさし。憲法の基本を分かりやすく説いたエッセイ、講演録を収めました。〈解説〉小森陽一

S326
増補版 日本レスリングの物語
柳澤　健

草創期から現在まで、無数のドラマを描ききる日本レスリングの「正史」にしてエンターテインメント。〈解説〉夢枕　獏

S327
抵抗の新聞人　桐生悠々
井出孫六

日米開戦前夜まで、反戦と不正追及の姿勢を貫きジャーナリズム史上に屹立する桐生悠々。その烈々たる生涯。巻末には五男による〈親子関係〉の回想文を収録。〈解説〉青木　理

S328
人は愛するに足り、真心は信ずるに足る
―アフガンとの約束―
中村 哲
澤地久枝(聞き手)

戦乱と劣悪な自然環境に苦しむアフガンで、人々の命を救うべく身命を賭して活動を続けた故・中村哲医師が熱い思いを語った貴重な記録。

S329
負け組のメディア史
―天下無敵 野依秀市伝―
佐藤卓己

明治末期から戦後にかけて「言論界の暴れん坊」の異名をとった男、野依秀市。忘れられた桁外れの鬼才に着目したメディア史を描く。〈解説〉平山 昇

S330
ヨーロッパ・コーリング・リターンズ
―社会・政治時評クロニクル 2014–2021―
ブレイディみかこ

人か資本か。優先順位を間違えた政治は希望を奪い貧困と分断を拡大させる。地べたから英国を読み解き日本を照らす、最新時評集。

S331
増補版 悪役レスラーは笑う
―「卑劣なジャップ」グレート東郷―
森 達也

第二次大戦後の米国プロレス界で「卑劣な日本人」を演じ、巨万の富を築いた伝説の悪役レスラーがいた。謎に満ちた男の素顔に迫る。

S332
戦争と罪責
野田正彰

旧兵士たちの内面を精神病理学者が丹念に聞き取る。罪の意識を抑圧する文化において豊かな感情を取り戻す道を探る。

2024. 12

岩波現代文庫[社会]

S333
孤塁
—双葉郡消防士たちの3・11—
吉田千亜

原発が暴走するなか、住民救助や避難誘導、原発構内での活動にもあたった双葉消防本部の消防士たち。その苦闘を初めてすくいあげた迫力作。新たに「『孤塁』その後」を加筆。

S334
ウクライナ 通貨誕生
—独立の命運を賭けた闘い—
西谷公明

自国通貨創造の現場に身を置いた日本人エコノミストによるゼロからの国づくりの記録。二〇一四年、二〇二二年の追記を収録。〈解説〉佐藤 優

S335
「科学にすがるな!」
—宇宙と死をめぐる特別授業—
佐藤文隆
艸場よしみ

「死とは何かの答えを宇宙に求めるな」と科学論に基づいて答える科学者vs.死の意味を問い続ける女性。3・11をはさんだ激闘の記録。〈解説〉サンキュータツオ

S336
増補 空疎な小皇帝 「石原慎太郎」という問題
斎藤貴男

差別的な言動でポピュリズムや排外主義を煽りながら、東京都知事として君臨した石原慎太郎。現代に引き継がれる「負の遺産」を、いま改めて問う。新取材を加え大幅に増補。

S337
鳥肉以上、鳥学未満。
—Human Chicken Interface—
川上和人

ボンジリってお尻じゃないの? 鳥の首はろくろ首!? トリビアもネタも満載。キッチンから始まる、とびっきりのサイエンス。〈解説〉枝元なほみ

2024.12

岩波現代文庫[社会]

S338-339
あしなが運動と玉井義臣(上・下)
―歴史社会学からの考察―
副田義也
日本有数のボランティア運動の軌跡を描き出し、そのリーダー、玉井義臣の活動の意義を歴史社会学的に考察。〈解説〉苅谷剛彦

S340
大地の動きをさぐる
杉村新
地球の大きな営みに迫ろうとする思考の道筋と、仲間とのつながりがからみあい、研究は深まり広がっていく。プレートテクトニクス成立前夜の金字塔的名著。〈解説〉斎藤靖二

S341
歌うカタツムリ
―進化とらせんの物語―
千葉聡
実はカタツムリは、進化研究の華だった。行きつ戻りつしながら前進する研究の営みと、カタツムリの進化を重ねた壮大な歴史絵巻。〈解説〉河田雅圭

S342
戦慄の記録 インパール
NHKスペシャル取材班
三万人もの死者を出した作戦は、どのように立案・遂行されたのか。牟田口司令官の肉声や兵士の証言から全貌に迫る。〈解説〉大木毅

S343
大災害の時代
―三大震災から考える―
五百旗頭真
阪神・淡路大震災、東日本大震災、熊本地震に被災者として関わり、東日本大震災の復興構想会議議長を務めた政治学者による報告書。〈緒言〉山崎正和

S344-345
ショック・ドクトリン（上・下）
—惨事便乗型資本主義の正体を暴く—
ナオミ・クライン
幾島幸子
村上由見子 訳

戦争、自然災害、政変などの惨事につけこみ多くの国で断行された過激な経済改革の正体を鋭い筆致で暴き出す。〈解説〉中山智香子

S346
増補 教育再生の条件
経済学的考察
神野直彦

日本の教育の危機は、学校の危機だけではなく、社会全体の危機でもある。工業社会から知識社会への転換点にある今、真に必要な教育改革を実現する道を示す。〈解説〉佐藤 学

S347
秘密解除 ロッキード事件
—田中角栄はなぜアメリカに嫌われたのか—
奥山俊宏

田中角栄逮捕の真相は？ 中曽根康弘と米政府との知られざる秘密とは？ 秘密指定解除が進む当時の米国公文書を解読し、戦後最大の疑獄事件の謎に挑む。〈解説〉真山 仁

S348
「方言コスプレ」の時代
—ニセ関西弁から龍馬語まで—
田中ゆかり

「方言」と「共通語」の関係はどう変わって来たのか。意識調査と、テレビドラマやマンガの分析から、その過程を解き明かす。大森洋平氏、吉川邦夫氏との解説鼎談を収録。

S349
サンタクロースを探し求めて
暉峻淑子

なぜサンタクロースは世界中で愛されるのか。絵本『サンタクロースってほんとにいるの？』の著者が、サンタクロース伝説の謎と真実に迫る。〈解説〉平田オリザ

S350

ジャーニー・オブ・ホープ
―被害者遺族と死刑囚家族の回復への旅―

坂上　香

殺人事件によって愛する家族を失った／失うかもしれない人びとが語り合う二週間の旅。この旅に同行し、取材した渾身のルポルタージュ。四半世紀後の現状も巻末に加筆。

S351

時を刻む湖
―7万枚の地層に挑んだ科学者たち―

中川　毅

国境を越えた友情、挫折と栄光…。水月湖が過去5万年の時を測る世界の「標準時計」となるまでを当事者が熱く語る。
〈解説〉大河内直彦